室内设计师.**58**

INTERIOR DESIGNER

编委会主任　崔愷
编委会副主任　胡永旭

学术顾问　周家斌

编委会委员
王明贤　王琼　王澍　叶铮　吕品晶　刘家琨　吴长福
余平　沈立东　沈雷　汤桦　张雷　孟建民　陈耀光　郑曙旸
姜峰　赵毓玲　钱强　高超一　崔华峰　登琨艳　谢江

海外编委
方海　方振宁　陆宇星　周静敏　黄晓江

主编　徐纺
艺术顾问　陈飞波

责任编辑　刘丽君　徐明怡　朱笑黎
美术编辑　孙蕊云

图书在版编目(CIP)数据

室内设计师. 58，新锐设计 /《室内设计师》编委
会编 . — 北京：中国建筑工业出版社，2016. 5
ISBN 978-7-112-18749-2

Ⅰ. ①室… Ⅱ. ①室… Ⅲ.①室内建筑设计 – 丛刊
Ⅳ. ① TU238-55

中国版本图书馆 CIP 数据核字 (2016) 第 115307 号

室内设计师　58
新锐设计
《室内设计师》编委会　编
电子邮箱：ider2006@qq.com
网　　址：http://www.abbs.com.cn/

中国建筑工业出版社出版、发行（北京西郊百万庄）
各地新华书店、建筑书店 经销
上海雅昌艺术印刷有限公司 制版、印刷

开本：965×1270 毫米　1/16　印张：11½　字数：460 千字
2016 年 06 月第一版　2016 年 06 月第一次印刷
定价：40.00 元
ISBN 978 -7 -112 -18749-2
　　　（28744）

# CONTENTS

# VOL. 58

# 哥本哈根的现代

撰 文 **|** 王受之

在西方设计门类中，北欧独树一帜，保持理性主义/现代主义，但是却有自己很独特的演绎、自成一派。做设计人都要了解北欧，并且也会很喜欢北欧，室内设计师从北欧设计中可以知道怎么把纯粹得极致的现代风格变得具有人情味，家具如何具有强烈的表现力。我一直喜欢北欧的设计，也是因为要看北欧设计，去过几次斯堪的纳维亚半岛，或者从赫尔辛基进，或者从斯德哥尔摩进，但是每一次都会去丹麦，并且一定要去哥本哈根。丹麦的现代设计具有凝聚整个北欧精神的特点，虽然丹麦并不大，它的设计影响力可以和世界最强的设计大国相提并论。把现代主义和人情味、地方感结合起来，能做到这两点的国家其实不多，有些国家在这方面没有做好，显得刻板；有些国家则做过了头，显得幼稚和做作，丹麦设计可以说恰到好处，这是我为什么经常去拜访的原因。

这次去哥本哈根是从米兰飞过去，对于我来说，这两个城市都是设计重镇。米兰的浪漫、流畅，丹麦的严谨、理性对称，对于消费感较强的年龄段来说，米兰是首选。对

于我这类已经不太在意时尚性，而更加注重具有地方特点的现代感的人来说，似乎会更加喜欢丹麦。

我曾经与做室内设计的朋友谈到这个感受，他们问我为什么把丹麦放在这样一个高度，我举了两个设计师作为例子，他们都是丹麦人，却有举世闻名的设计作品：一个是约恩·伍重（Joern Utzon），他在1956年设计了澳大利亚悉尼歌剧院，得到全世界一致的好评。另外一个是冯·斯普里克森（Von Spreckelsen），他设计了巴黎著名的、被称为"新凯旋门"的门型高层商业大楼"拉德芳斯"，也得到世界建筑界的一致好评。朋友们都感觉绝非特例，内中一定有关联。

哥本哈根是在波罗的海上的一个海湾城市，正如斯德哥尔摩一样，到处是海湾和岛屿，城市因此富于变化。站在皇宫后的国家图书馆背后的海湾边上，对面是原来丹麦皇家海军的码头，现在是一片崭新的现代建筑群，一栋体量庞大的现代建筑正是国家歌剧院。这个建筑基本是正方形，四个门都是玻璃幕墙，飘檐出挑、很轻盈。屋檐下，正

哥本哈根歌剧院入口大厅室内

哥本哈根歌剧院

面是一个鼓出来的圆形结构，形式很突出，站在海边，你绝对不会不注意这个庞然大物。

哥本哈根国家歌剧院的建造一共用了三年半的时间。2004年建成之后，我曾经来过一次，但没有走进去。趁这次机会，我参观这栋14层楼高的巨大歌剧院。丹麦人称它为"Operaen"。因为在海湾对面，它的旁边没有对比物，等到走近之后，才知道是何等的庞然大物。建筑物是一个长方形的玻璃盒子，上面有许多横向的金属线，巨大的出挑屋顶、轻盈的檐线加上庞大的体量，背景又是深蓝至黑的波罗的海，远看的确很冷漠，但是走进建筑物里面，则发现这里充满了宜人的桦木、榉木墙板、暖色地毯，有一种北欧特有的温馨，内、外形成巨大的感觉对比。我是一个很喜欢音乐的人，特别是古典音乐，对音乐厅颇为注意，这个歌剧院的室内设计，属于我很喜欢的一类。室内主要家具设计是用钢管结构设计而成，家具大部分是钢结构、纺织软面、木料的结合。那些座椅的人机工学处理得几乎无懈可击，怎么坐怎么舒服。与这里相比，巴黎巴士底歌剧院则属于我很不喜欢的一类。

这个建筑物的建成，跟两个人有密切关系。一个是丹麦最富有的人物、航运业巨子玛斯克·麦克金尼·摩勒（Maersk McKinney Moller，1913-2012），他喜欢歌剧，喜欢交响乐，是他发起这个歌剧院的项目提议。摩勒拥有全世界最大的航运公司之一，摩勒—马斯克公司（A.P. Moller-Maersk Group）。他为建造一个第一流的歌剧院投资4.42亿美元，建成之后把这个建筑捐给国家，据说营运费用每年要耗费2 500万美元，这当然是由丹麦政府支付。另外一个人就是丹麦建筑大师赫宁·拉森（Henning Larsen）。

我曾经去查过这个歌剧院的评论文章，丹麦最主要的报纸之一《周末报》（Weekendavisen）有一篇专栏文章，介绍这个建筑的设计和建造经过，其中就提到为什么会采用我注意到的大量金属横线外观的做法。这篇文章上说：摩勒要求拉森打破这个玻璃方盒子的立面，加上横行的金属线条，建筑师照做了，但是效果却很有争议。丹麦另外一份发行量非常大的报纸《政治家报》（Politiken）嘲笑说，这个横线构成的玻璃和金属线条立面好像是1955年美国通用汽车系列的品牌之庞蒂亚克（Pontiac）的散热板一样，

哥本哈根歌剧院观众席全景

哥本哈根歌剧院演出场内

观众席座椅

过时而难看。

　　对于出挑的大屋顶，批评的声音也非常强烈，说这个好像是法国建筑家让·努维尔（Jean Nouvel）设计的洛桑交响乐中心的屋顶。哥本哈根的一个建筑家叫布加克·英格斯（Bjarke Ingels）就对此有很激烈的批评态度，他说这种相似有可能是巧合，但是努维尔的建筑是一个非常著名的作品，报道中影射歌剧院有抄袭的嫌疑。

　　丹麦皇家歌剧团在这个新歌剧院第一场演出的是《阿依达》，这里就成为皇家丹麦歌剧团、芭蕾舞团、皇家交响乐团的演出永久驻地。

　　这个歌剧院并不算太大，有1500个座位，舞台下面有乐池，可以容纳一个110人的交响乐队，除此之外，这里还有排练场，一个试验剧院，有200个观众席位，对于这样一个中等城市，也就足够了。

　　现代主义和功能密切相关，也具有高度理性的基本特点，"反对装饰"是一个原则，把这三个基本要素放在一起，就知道要做好现代主义设计不容易。我这一次特别去看看在丹麦本身也很具有争议的歌剧院，目的还是一种反思。虽然各人意见看法不一，但是我依然认为这是一个很能够代表北欧设计的好作品。🔳

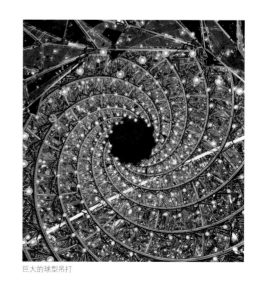

巨大的球型吊打

# 新锐设计

撰　文 ｜ 刘匪思

　　关于这个时代，两股声音自 2014 年起便萦绕在建筑师及室内设计师们的耳边："最好的时代已经结束，寒冬即将来临。"与"这才是最好的时代，一切皆有可能。"为前者忧虑的，大多是已经在行业内奋战多年的资深设计师群体，或是尚在建筑与设计类高校苦读的年轻人，而对于积累了几年经验、初踏或是尚未进入"主流"视野的建筑师与设计师们，当下这个节点无疑是一个机遇与挑战并存的转折点。

　　本期探讨的新锐设计师及他们背后的新趋势，恰恰与上述的时代背景有着千丝万缕的关联，尤其是面临网络时代的冲击——短短的半年间，从微信、弹幕、到 VR 的虚拟现实营造，网络的媒介与传播方式迅速地发生变化，凭借一两个项目赢得网络数十、百万的传播，使得越来越多的"新锐设计"们不仅受到建筑与室内专业领域的关注，更是成为公众领域的热点话题。

　　本期讨论的新锐设计群体，尽管他们各自有自己关注的领域，但对于建筑学的理解都颇有一致性：建筑学对于当下中国而言，更倾向于一种文化、一种媒介、来自使用者的心理感受、乃至对于当下迅速变化社会的某些反应与应对。而非是某些教科书中"沉重"的理论能够"代言"或者"概括"的。

　　本期的受访者——"70、80 后"群体的韩文强、赵扬、李众、王硕、孔锐与范蓓蕾、宋刚、潘岩与潘冉，以及"90 后"夏慕蓉，与他们的前辈相比，建筑／室内的界限消失了。与之对应的是，他们设计出来的作品更接近于基于现实的空间解决方案，无论是选择传统的营造方式，还是数字化建筑的新思维，最终指向的是使用它们的人。

　　同时，"平的网络世界"创造丰富的可能性，给予新锐设计们发挥的全新的疆域，与传统设计类别相比，随着"甲方"的多样性，可供设计的领域也被赋予了各式各样的变化。从创意园区中颇有互联网创新思维的空间装置、越来越多基于乡村的改造或是私人民宅与民宿、甚至是受到数码产品启发的可变空间研究，都成为他们一边进行设计实践、一边进行研究、推进的课题。END

# 韩文强：
# 创造"关系"
# 的设计

**ID** =《室内设计师》

**韩** = 韩文强

个人简历：
韩文强，出生于辽宁大连，中央美院建筑学院硕士毕业后留校任教。于 2010 年创立建筑营设计工作室（ARCH STUDIO），结合教学研究展开多样的创作和实践。主要作品包括北京胡同茶舍、荣宝斋商店及文化艺术空间等。

| 采　访 | 刘匪思 |
|---|---|
| 资料提供 | 建筑营设计工作室（ARCH STUDIO） |

**ID** 您如何理解什么是建筑？您的设计理念或者信条是什么？

**韩** 在现今这个互联网消费时代下，建筑作为一种现实存在物，更应该成为一种媒介，让人与人、人与自然产生关系的媒介。我认为好的建筑应该在自然、历史与社会的关系中找到平衡点，传承传统生活的智慧，激发环境的体验价值，成为身体的庇护所和游乐场。

**ID** 哪些建筑师、建筑作品对您的理念产生过影响？

**韩** 路易斯·康、彼得·卒姆托、卡洛·斯卡帕都是我喜欢的建筑师，从他们的作品中能感受到一种类似于东方建筑的平静和诗意。日本建筑师的作品既保持了自身文化的传承，又特别具有当代性。对这些作品，我时常能够感同身受，大概是源于一种文化上的亲近感。中国庭院建筑与园林给予人们的观感和体验是独特的，也是非常值得深入研究，这些都对我的设计实践有帮助。

**ID** 在您看来，您所毕业的学校以及在那里的职业训练对您现在的职业有哪些帮助？

**韩** 我觉得美院教育对我的影响：第一，对待专业的态度。态度会影响一个人做事情的方式和结果。第二，构建基本的价值判断。知道什么是好的设计，什么是对的设计。第三，宽容和开放。做事情的心态会放松，也比较自由，慢慢寻找和发现那些你感兴趣的东西。

**ID** 毕业、创业、到陆续接到项目，您觉得执业初期哪些经验值得分享？

**赵** 认真做自己认为对的事情，不要计较暂时的得失，所有的经历、教训都会变成宝贵的财富。

**ID** 回顾之前的作品，您觉得哪些作品在设计历程中具有一定的代表性，或是体现了您在那段时期内的一些思考？

**韩** 胡同茶舍。我们想要做能"创造关系"

的设计，包括内与外的关系、建筑与自然的关系、传统与未来的关系等等，而这些所有的关系都是围绕着提升人的环境体验而展开的。这个项目本身就是一个四合院的改造，既有现实的环境条件限制，又有传统文化背景需要去考量，因此如何能使旧的建筑在当代条件下展现出新的活力，就需要协调思考新与旧的关联性，从业态、空间、材料、景观等多角度去进行综合设计。因此我认为这个项目在现阶段是比较具有代表性的。

**ID** 您在设计过程中比较关注哪些方面，这些是否对项目最后的完成度有帮助？

**韩** 设计图与施工现场的对接。一方面是施工队技术的局限性，也跟造价有关，施工理解不到设计的意思，效果上会打折扣。另一方面也是设计师自身的问题，图纸很难完整地反映改造项目的所有信息。所以，设计师必须经常待在施工现场与工人们在一起去解决问题，有的需要坚持、有的需要做妥协，在有限的预算和工期内要保证项目的完成度确实要花很大的气力。

**ID** 最近在忙哪些新项目或者研究？

**韩** 最近在策划"传统艺术空间的再生"的课题研究，主要是针对当前中国艺术空间同质化、符号化这一问题，整理相关设计理论，提出空间设计应该在传统的框架下进行当代的有机更新。研究也结合了我们对于艺术空间设计的实践案例进行归纳和总结。预计今年会以专著的形式出版，算是工作室阶段性的一个成果。

**ID** 在当下的设计现状中，您的工作室采取了哪些应对措施？

**韩** 认真地做好每一个项目。有效提升设计团队的执行力。有时间多看看书。

**ID** 除了忙于设计，您平时有哪些爱好？

**韩** 主要就是教学，和学生们在一块挺开心的。**END**

|  1 | | 4 | 5 |
| 2 | 3 | 6 |

1-6　白房子：这间位于北京东城区胡同边的灰砖房子被改造为一对年轻夫妻的居所。设计师的目标是在旧建筑条件下改善内部空间结构，重塑光亮、透明、整洁的内部空间气息，与老街区外观构成有趣的反差。面对复杂琐碎的现状问题，设计师以"白"作为基调，通过适当的拆除和加建整合室内界面，使空间回复到一个纯净、抽象的初始状态，利用变化的光环境和室外景观创造流动的空间感受。

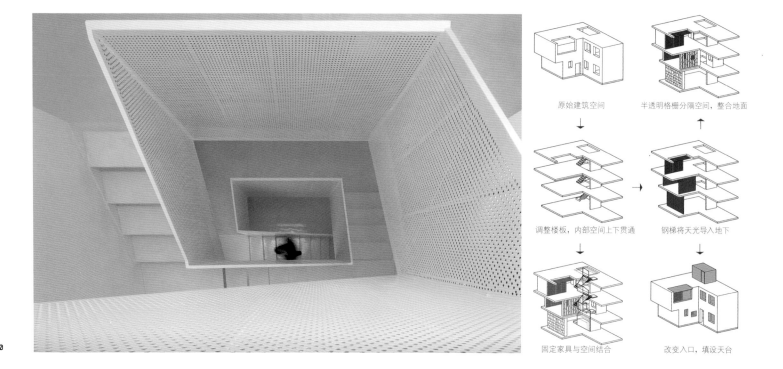

原始建筑空间　　　　　　半透明格栅分隔空间，整合地面

调整楼板，内部空间上下贯通　　　钢梯将天光导入地下

固定家具与空间结合　　　　改变入口，填设天台

二层平面图

首层平面图

1-4 荣宝斋咖啡书屋：位于京城知名的琉璃厂古文化街街口，原本是一家经营中国书画出版物与古籍图书的书店。店面是在 1980 年代由政府统一兴建的钢混仿古建筑，总面积约 300m²，地上二层，地下一层。为了改变传统书店粗重、刻板的形象，新的设计利用通透、轻盈的铁制书架整合功能、交通、设备与照明，并将绿色植物置入其中，使得新的内部空间界面更加连续开放和富于生机。基于建筑原有的柱网，室内呈现出环状的空间结构：中央区域为岛式空间，周边为铁制书架墙体。

| 1 | 2 | 4 |
|---|---|---|
| 3 |   | 5 | 6 |

1-3 叠屏 - 荣宝斋西画馆：项目位于北京和平门琉璃厂西街，这里算是北京最为知名的古玩字画老街。设计利用屏风展墙作为基本语言，
将现状建筑空间整合起来。首层由固定屏风围合成一个上下通透的盒子展厅，给人以鲜明的第一印象；二层折叠的屏风展墙使空间
能够弹性利用，提高空间利用率。地下室通过软膜顶棚形成一个类似庭院一般的亮空间，消除地下空间给人的压抑感。

4-6 海棠公社：位于北京东郊一处居住区之中，设计范围是联排别墅楼当中一个单元的上下三层。一层以及地下室是上下联通的，主要用
作主人对外接待空间；二层有独立的出入口，主要满足家庭内部起居。设计的基本思路是利用材料和空间的变化来模糊原本室内的
内外界面之间的关系，创造一种开放而充满层次的漫游环境，让室内脱离局部的装饰，回归到自然、朴素、静谧的具有东方气息的居
住氛围。

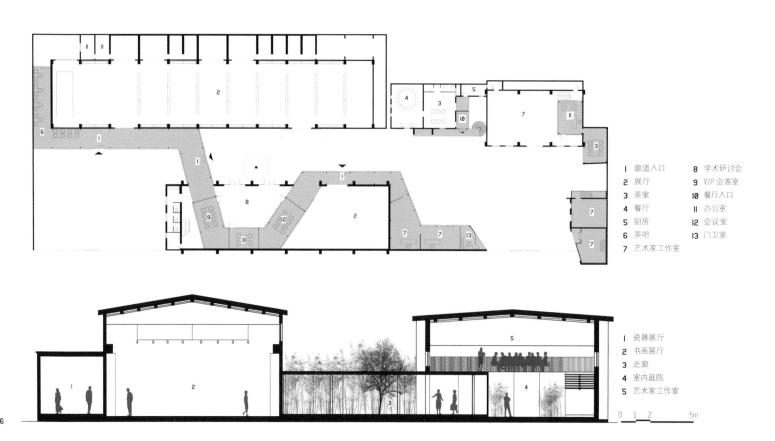

1  廊道入口　　8  学术研讨会
2  展厅　　　　9  VIP 会客室
3  茶室　　　 10  餐厅入口
4  餐厅　　　 11  办公室
5  厨房　　　 12  会议室
6  茶吧　　　 13  门卫室
7  艺术家工作室

1  瓷器展厅
2  书画展厅
3  走廊
4  室内庭院
5  艺术家工作室

0　1　2　　　　5m

```
1   3   4
2   5
```

1.2 淄博齐长城美术馆：距离山东淄博火车站不远，在闹市的繁华背后隐藏着一片破旧的工业厂房。厂房始建于 1943 年，前身是山东新华制药厂的机械车间，为当时国家的
    特大型项目。凭借大跨度的空间结构和朴拙原始的材料质感，这里成为艺术家们的向往之地，由此引发了一次从工业遗迹变身为当代艺术馆的改造过程。基于原厂房分散、
    封闭的外部环境特征，设计着力于建筑内外转换和场地关系的"关节"处理，加强艺术活动的公共性、开放性和灵活性，促进人与艺术环境的互动，使废旧厂房重现活力。

3-5 胡同茶舍——曲廊院：位于北京旧城胡同街区内，用地是一个占地面积约 450m² 的"L"型小院。院内包含 5 座旧房子和几处彩钢板的临建。设计采取选择性的修复方
    式：北房以保持历史原貌为主，南房局部翻新，东西厢房翻建，拆除后按照传统建造工艺恢复成木结构坡屋顶建筑；拆除所有临建房，还原院与房的肌理关系。旧有的
    建筑格局难以满足当代环境的舒适性要求，新的建筑必须能够完全封闭以抵御外部的寒冷。为此，设计师把建筑中的流线视觉化，转化为"廊"的形式，在旧有建筑的
    屋檐下加入一个扁平的"曲廊"将分散的建筑合为一体，创造新旧交替、内外穿越的环境感受。

采访　　　刘匪思
资料提供　　赵扬工作室

# 赵扬：
# 想象建筑学的
# 可能性

**ID** =《室内设计师》
**赵** = 赵扬

个人简介：
赵扬，1980年生于重庆市。2002年毕业于清华大学，获建筑学学士学位。2005年获清华大学建筑学硕士学位。2012年毕业于哈佛大学，获建筑学硕士学位，并获选哈佛大学优秀毕业生。

2010年与标准营造事务所合作的作品西藏尼洋河游客接待中心获WA中国建筑奖优胜奖。2012年，获选"劳力士艺术导师计划"，在普利茨克奖得主，日本著名建筑师妹岛和世的指导下，完成日本气仙沼市"共有之家"建筑项目。
赵扬应邀在清华大学、同济大学、香港中文大学、日本东北大学、马来西亚建筑师学会、杰弗里·巴瓦基金会举办学术讲座。赵扬建筑工作室于2014年受邀参加威尼斯建筑双年展"应变·中国的建筑和变化"平行展；2015年10月受邀参加东京"间"画廊"来自亚洲的日常"展。赵扬建筑工作室的作品和访谈也曾广泛发表于国内外著名期刊。

**ID** 您如何理解什么是建筑？您的设计理念或者信条是什么？

**赵** 从清华毕业后，我其实并不知道人生这个阶段会在乡村场景下工作和生活，也对自己要做什么样的建筑并不清楚。那时候我的野心在城市。出国前，我在西藏做的房子是远离城市的，包括后来自己在寻找应该做什么样的建筑，这些经历成为一个契机，让我开始想象建筑学的可能性。

我一直在想，应该以怎样一种舒服的方式与建筑学发生关系，我认为作为建筑师，很大一部分工作是文化工作。人与自然的关系是我们这个文化的核心，但随着时代的变迁，这个问题慢慢地被我们忘记了。如果对于这个问题的思考被再一次以恰当的方式表达出来，也算是对这个世界的贡献。我觉得这个意义上来讲，立足乡村是合理的。

中国乡村还没有受到西方建筑学太多的影响。中国的城市不论是学苏联还是美国或欧洲，都是一知半解地、囫囵吞枣地去学习表面的东西。等到现在大家意识到问题很多时，要纠正已经有点麻烦了。回到乡村，景观人居环境的背景也被破坏了很多，但根还是原来的根。我在这样的环境下做小尺度的项目，有点有机更新的意思。其实是在探索在中国当代城市规划系统成为主流之前的传统聚落环境下，建筑实践有些什么可能。而自为自治的中国传统人居环境的生成和发展方式如何去适应当下的社会、经济和技术条件。比如我们在大理古城中做的项目，是在一系列历史问题、邻里关系、对习俗理解的背景下、在古城的肌理中形成的项目。

**ID** 哪些建筑师、建筑作品、或者哪段经历对您的理念产生过影响？

**赵** 杰弗里·巴瓦对我一直是一个很重要的

启发。妹岛和世也是，我刚开始做她学徒的时候还是比较紧张的，后来每年都会见上一两次，我会给她看自己设计的东西，她给我的评论依然很受用。今年，她还会来大理看我们。我现在重新读《园冶》，计成在里面提到在山林地里经营园林的很多原则。最近我在苍山脚下就有个用 20 亩地设计一个集合住宅的项目。我发现计成说的好些原则我直接就能用上，很有意思，像是有点儿"根"了。

**ID** 在您看来，您所毕业的学校以及在那里的职业训练对您现在的职业有哪些帮助？

**赵** 清华大学建筑系是我的起点。但是从教学方法上来讲，清华并没有提供明确方向，虽然有营造学社的传统，但是对建筑设计的实际教学并没有直接的帮助。不过清华有乡土组，我们会去乡村测绘、研究乡村的房子，虽然是关于资料整理的工作，但对我的意义是从另外一个层面理解中国和建筑的入口。我的研究生导师王路教授也对中国的乡村有很深入的理解，读研那几年跟他跑过不少好地方，对我后来建筑观的形成是至关重要的。

清华还会滋养一种自信，有些时候这种自信可能是盲目的，但没有这种自信和较劲的话，年轻人很可能在面对人生困境的时候放弃初衷。那种"较劲"，或许也是清华比较特殊的资源。

**ID** 您在设计过程中比较关注哪些方面？

**赵** 我们目前的项目大部分是两个类型，定制住宅和精品酒店。但无论是住宅还是酒店项目，都不算"常规"。这个意思是我们在做这些项目时，都在惯常的房地产思维之外，是对于场所特征和生活方式的探讨。对于一户人家而言，如何设想他们的生活方式，如何与地理位置、自然条件、气候条件、建造条件相匹配，这些是我们会去思考的。我们

的大多数甲方也是想追求比较理想化的状态，才会跟我合作。很多"甲方"到后来就成为志同道合的朋友，他们对于新的可能性的思考，可能比建筑师还要迫切。

**ID** 相对于当下的乡建热潮、以及对于建筑行业急迫地寻找转型思路，您当年离开城市去云南的决定做得非常早，当时出于怎样的考虑？

**赵** 我对与私人业主打交道感兴趣。因为有这样的沟通，可以让项目有着丰富的内涵，可以把很多问题放在讨论中，最后出来的场景就变得非常真实。私人业主的目的比较真实，无论是做住宅还是酒店，他们需要在这里以什么样的状态最动人、最宜居。我们在中国的场景中，有着与西方体验不一样的自然关系。与这些业主打交道后，我也逐渐对往这个方向的探索更有信心。实际上，我刚回国的前两年并没有像现在这样有那么多人来联系我们，这也说明这类建筑师是不够的。这也使得我现在会有一种使命感，未来我们这些"先走一步"的建筑师的作品被拿出来讨论的话，是不是能产生一定的正面意义？在现在的转型过程中，我们有责任把这个问题想想清楚。

**ID** 最近在忙什么？

**赵** 在大理有个设计酒店和住宅项目，在普洱做一个三代人用的大宅子，还有"无序与集"在梅里雪山的酒店。同时也在接触一些江浙地区的私人业主。还有，我一直在想尽可能地表达项目的想法，包括我们是怎么构思、考虑了哪些因素、实际过程中又遇到了哪些情况，解决的过程又是如何。所以也在重新制作工作室的网站，我希望能够特别坦诚地分享。如果能帮到一些对建筑感兴趣的朋友，这个工作还挺有意义的。 **END**

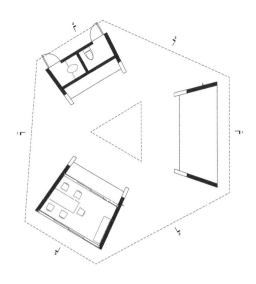

| 1 | 4 | 5 |
| 2 | 3 | 6 |

**1-3** 竹庵：这是一个为画家蒙中夫妇设计的私人住宅。基地位于喜洲镇某古村边缘，毗邻大片的田野。这座新建成的院宅的内向性与其周边传统院落的内向性相合。草筋白（石灰混合草筋的外墙处理）——在大理地区是一种常见且廉价的外立面材料——同时也把新建筑与其周边环境联系起来。这座房子被划分为门厅、前庭、中庭以及后庭（主人使用的私密区域）。九个不同大小的院子缩小了传统院落住宅的庭院尺度，并把院落与一系列的功能房间联系起来。

**4-6** 共有之家：该项目是第6届劳力士创艺推荐资助计划的一部分，由赵扬与他的导师妹岛和世合作完成。建筑空间大部分都是向外部敞开的。屋顶由3个"房间"支撑，覆盖的面积为117m²。屋顶中间有个三角形的洞口，人们可以在这里直接凝视天空。每个"房间"连着板凳都是向心布置，同时与朝向不同方向的3个入口相对，于是能看到周边的景色。建筑师与当地社区居民曾开展了3次工作坊共同讨论项目的设计并最终获得居民的通过。

```
  1
       4
  2  3
```

1-4 尼洋河景区游客接待站：由赵扬工作室与标准营造联合设计而成。这个空间以一个不规则四边形庭院来连接建筑的四个开口，重新
定义了景观体验的视角，并以此唤醒游客对风景的觉知。采用并改良了藏区的乡土建造技术，毛石承重墙体和简支木梁构成了主要的
结构体系。屋面的卷材防水以上覆盖了150mm厚的阿嘎土。同时把一个颜色的"装置"引入这个建筑内部的公共空间，西藏的矿物
颜料被直接涂刷在毛石墙面上。颜色的转换强化了空间的几何转换。从建筑中穿过时，人们可以在不同角度和时刻体验到不断变化
的色彩效果。

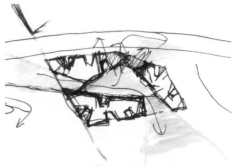

1-5　李宅是为中国云南普洱的一户家庭所设计的。基地坐落在一片独立别
　　　墅区。这座建筑在体量上试图与毗邻的建筑尺度保持协调，同时回应
　　　了领地不规则的边界。这座房子的主体空间朝向基地西南处的山体，
　　　保证了私密性、日照、以及花园和绿化的景观视野。一楼是一个向花
　　　园开放的、流动的起居空间，而二、三楼则包含了主要的独立房间。

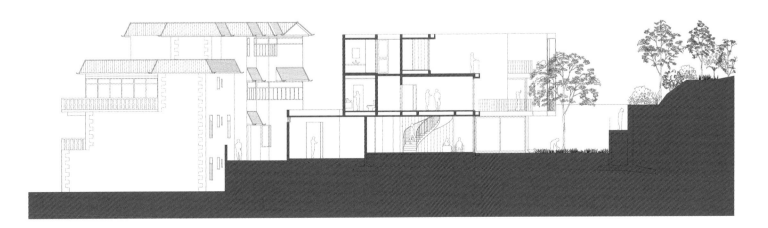

|1 | 2  3 |
|   | 4    |

1-4　洱海双子旅舍：双子旅舍选址在金梭岛北端海街的尽头。这个位置海风和日照非常强烈，原本是不宜建造民居的。但是这个位置直面苍山洱
海壮阔的景观，反倒成为度假酒店的绝佳选址。建筑师希望这个建筑能从容自若的成为自然现象的一部分，所以决定尽可能地采用自然材料
来建构这个建筑的主体。

场地由两块互成 30° 夹角的宅基地组成，分别属于岛上的两兄弟。两兄弟考虑到未来分家的方便，要求两块地上的建筑不能连在一起，然而
建筑师却需要营造一个连续统一的空间体验，这一矛盾成为整个设计的开始。

# 李众：
# 源自生活的建筑
# 每时每刻影响着我

ID =《室内设计师》

李 = 李众

个人简介：
1995 年毕业于云南艺术学院环境艺术专业
昆明筑瀚景地设计有限公司设计总监
中国建筑装饰协会 高级室内建筑师
中国室内装饰协会 设计专业委员会委员
云南省室内装饰协会设计专业委员会 副会长

采访 | CC
资料提供 | 李众

**ID** 您如何理解什么是建筑？您的设计理念或者信条是什么？

**李** 我是土生土长的云南人，从小当地每户人家起房盖屋是为了有一个更好的居所，这是我对建筑最初的认识。工作后一直从事和起房、盖屋相关的工作，建筑是为人建造的，是功能和美学并存的场所，我在设计中会更多地关注这两者的关系，尽可能地兼顾到这两方面。

**ID** 哪些建筑师、建筑作品对您的理念产生过影响？

**李** 工作的过程是一个学习和进步的过程，在这个过程中，对我产生过影响的建筑师、建筑作品很多，有的近在身边，有的遥不可及。我善于从别人的作品中发现优点，很多民间老百姓建房没有设计，从传统中来，建出很多鲜活生动的村落，这些源于生活的建筑无时无刻不影响着我。

**ID** 在您看来，您所毕业的学校以及在那里的职业训练对您现在的职业有哪些帮助？

**李** 1991年至1995年我在云南艺术学院工艺美术系环艺专业学习，当时除了基础的设计课程外，还有美术基础课程、雕塑、壁画等等，美术方面的课程比较多，在当时看来好像和设计没多大关系，到今天再回过头来看，那个时期的美术教育给了我一个审美的标准，这个标准决定了我设计的方向。

**ID** 毕业、创业、到陆续接到项目，您觉得执业初期哪些经验值得分享？

**李** 我的团队每年都会有刚毕业的年轻人来应聘，我都会和他们交流一些问题：首先设计是需要坚持的一个职业，会问他们平常关注哪些成功的设计师，喜欢哪些设计作品，最近看过哪些书，有什么爱好等等，希望能从最日常的状态中判断个人作为设计师的职业条件反应。只有选择了对的方向，坚持也才有意义。

**ID** 回顾之前的作品，您觉得哪些作品在设计历程中具有一定的代表性，或是体现了您在那段时期内的思考？

**李** 2009年完成的泸沽湖里格半岛阳光客栈占地480m²，设计了九间客房，这是我第一次尝试做此类设计，也给我和团队开启了云南地域性项目的研究实践。

**ID** 您在设计过程中比较关注哪些方面？这些是否对项目最后的完成度有帮助？

**李** 我们的设计项目体量相对比较小，通常从一块空地开始，规划、建筑、室内、陈设一并完成。采用逆向控制的方式完成设计流程：陈设设计控制室内的调性，室内设计控制建筑的空间尺度，建筑设计控制规划的环境关系。对于建筑面积极少的小项目来说，这样可以做到空间利用的最大化，避免各个设计阶段的脱节。

**ID** 最近在忙哪些新项目或者研究？

**李** 基于这几年来完成的项目结果，逐渐有了好的市场回馈，可以对项目有所选择。每年都会有一些小而精的酒店项目。继LUX系列品牌的丽江古城丽世酒店和香格里拉奔子栏丽世酒店后，现在正在设计德钦布村丽世酒店，在不丹的三个酒店设计也在计划中。另外，针对现在旅游市场中客栈、民宿类产品的大量需求和良莠不齐的现状，也会尝试做一些面向中端市场的物有所值的改造类特色酒店项目。

**ID** 在当下的设计现状中，您的事务所采取了哪些应对措施？

**李** 坚持自己的方向，认真对待每一个项目。

**ID** 除了忙于设计，您平时有哪些爱好？

**李** 几年前喜欢户外运动，登山，这几年将工作和爱好合二为一了，我们的每个设计项目都在不同的地方，并且都风景优美，所以每次奔走于不同的项目地，只要在时间允许的前提下，都是一次户外运动，可以沿途走村串寨、纵览大山大水、体验当地民风民俗。 **END**

```
| 1 |   | 4 | 5 |
| 2 | 3 |   | 6 |
```

I-3 大理双廊问月归酒店:项目在大理双廊的旁边,身为大理人,一直想有一个机会在大理做一个设计,终于有了这个机会。十间房,临洱海,白墙、青瓦、飞檐,这是设计师记忆中的房子。

4.5 丽江束河阿若康巴庆云庄园:作为香格里拉阿若康巴南索达庄园的姊妹篇,丽江阿若康巴庆云庄园则是完全不同的格局,中轴对称的围合水院,两边房檐出厦的木头廊柱有些香格里拉阿若康巴的廊柱的感觉,只是开间加大。

6 昆明果果酒店:果果酒店位于原来的云南艺术学院片区,2013年一家地产公司投资将这里废旧的厂房改造变成了昆明的文艺新地标,108智库空间。"果果"隐于其中一幢楼的二层,不显山、不露水。果果酒店面积一共1100㎡,除了大堂和一个可以看书聊天、品酒饮茶吃早餐的多功能空间外,只建了15间客房,少而精致,完全没有酒店应有的格局与标准,只见因地制宜的随机。

1　泸沽湖里格半岛阳光客栈：沽湖半岛阳光客栈位于丽江泸沽湖里格半岛，建设完工于2009年。和大理、丽江的大部分客栈一样，都是租用当地老百姓的土地来建设的。地块占地只有480m²，但背山面湖，是整个泸沽湖景观视野最好的位置。为了强调建筑的地域性，采用当地摩梭族老百姓的传统建造方式，木柱木梁，土墙青瓦，大部分建筑材料都在当地寻找，不仅如此，建造施工都由当地老百姓用传统营造方法完成，只是功能结合酒店要求，满足当下人的现代生活方式。

2.3　香格里拉阿若康巴南索达庄园：在做阿若康巴南索达的时候，设计师去过松赞林寺，当时有一个大殿正在翻新，其中柱子尺度很夸张，大约3~4m的间距纵向整列，秩序感很强，非常震撼。当地藏民的藏房也喜欢用大尺度的东西，原木的柱子很粗壮，有的直径可达1m。受此启发，所以在设计中做了一个长廊，将前台放在长廊的尽头还开了天窗让光线下来，造出一种香格里拉藏区的仪式感。

4-6　丽江丽世酒店：丽江丽世酒店的设计在纳西民居传统方式的基础上，结合地块现状，因地制宜，建筑布局错落有致，巧妙地安排出三个大小不一的景观庭院，有水、有树、有花草、有堆石，小而精致，提升了酒店的环境品质，也延续了纳西民居的审美脉络。

1-4 香格里拉德钦奔子栏丽世酒店：藏区的建筑，和藏族人的性格一样雄浑大气。"大" 是尺度的大，地域的宽广，"气" 是藏民的豪气，
性格的直率。奔子栏丽世酒店在建筑设计上体现了藏式建筑的这种 "大气"，呈现左右对称布局，就地取材，选用本地材料，体现藏
式建筑特征的部分请本地工匠完成，使得酒店能和谐地融入所处环境中。主入口留有一个三层高的过厅，使客人一进入酒店就能感
受到藏式建筑夸张的空间尺度，两幅用一万多颗马掌钉创作的 "山"、"水" 壁画位于两侧，这是对茶马古道的另一种解读。

采 访 ｜ 刘匡思
资料提供 ｜ META工作室

# 王硕：
# 我们在思考激活城市
# 本身的活力与"疯狂"

**ID** =《室内设计师》
**王** = 王硕

1981 年生人。META- 工作室创立合伙人。清华大学建筑学学士，美
国莱斯大学建筑学硕士。在标准营造、纽约 PLG&Partners、OMA 鹿特
丹总部［参与 RAK Gateway City（全球城市商业地产大奖），BBC 伦敦
White City 城市更新等项目］、OMA 北京公司担任项目建筑师［负责
项目曼谷第一高楼 Maha-Nakhon 综合体；参与项目新加坡凯德置地
Interlace 创新住宅项目（全球最佳居住奖）］。

**ID** 您如何理解什么是建筑？您的设计理念或者信条是什么？

**王** 我认为设计是完整的事情，表达了你跟周围环境以及业主的想法和愿望之间的关系。如果切分在几个专业去看，就无法比较完整地呈现。

做建筑，我们是想宣扬一种如何去理解和认识城市空间的视角。包括我们在北京设计周上做的"超胡同"展览，完全是进行一种开放性的研究，最终的结果并不是要做出一个设计。我们希望建筑首先是一种增强你对现实感知的渠道，然后再有效地对于现实去反馈的方式。我们不管接没接到项目自己都会持续地做一些城市研究，这并不是单纯学术的城市研究，我们是观察现实，从现实中发现既有理论体系中没有的东西，再进一步运用到实践中去。

**ID** 哪些建筑师、建筑作品、或者哪段经历对您的理念产生过影响？

**王** 建筑师受到的影响不可能脱离两点，一是自己完整的成长经历，不仅是在某个时间点上受到具体某一个人的影响，二是具体面对现实问题时，他具体选择什么思路来回应。我虽然从清华毕业后去了美国莱斯大学，但让我着迷的却是亚洲。我觉得这些亚洲的城市——香港、台北、东京——都非常有活力，这些城市中的文化生活非常丰富。这是美国、欧洲的城市没有具备的原生活力。后来我去OMA，发现库哈斯也很关注亚洲城市。

这种活力、或者生活质量，目前没有人能说得清楚。我在莱斯的硕士论文是《狂野北京（Wild Beijing）》，研究的就是北京周围大大小小的产业聚集区，像考古学家或者生物学家一样，重新理解建筑与它承载的城市文化生活之间的关系。这种方法论后来在OMA工作期间得到了很好的印证。这也激发了我现在会特别专注城市话题的当代性，怎么去追赶不断发展变化的当代城市与当代生活。包括我在OMA做的项目在内，无论是伦敦还是中东的城市规划，我都从社会文化入手，不只是从空间怎么分功能、流线怎么布置流畅、怎么画平面图好看，而是怎么在这个基础上激发一种新的潜能与活力，唤醒这个城市潜在的"疯狂"。

**ID** 回顾之前的设计经历，您觉得哪些作品在您的设计历程中具有一定的代表性，或是体现了您在那段时期内的一些思考？

**王** 我们在做《水塔展廊》项目时，想要人们换一个角度去看待怎么保护城市过去的遗迹，唤醒新的功能，让人们去使用、喜欢它，这段历史会成为有意义的事情，而不是建成一个纪念碑。我经常讲，我们很多设计完成后才会有它们自己的生命

对于我们这一代80后建筑师群体而言，我们对于建筑学的本体论——关于建筑是什么，建筑能做什么——没有那么多疑问了。就是我们很清楚要去做什么。近20年来，城市爆发出的活力、人与人之间的关系，都是所谓"西方建筑学"和"城市学"的理论无法覆盖得了的。这也是一个很有意思的机遇。而如果只是借用一个现成的模式，无论是"花园城市"还是"海绵城市"，那些都是几十年前到十几年前在国外发展出来的理论。你把这个学来的东西、曾经人们以为可以按照一个完美模式去运行的城市，用到现实中却根本不是那么回事，现实拥有远比僵化的理论更丰富的可能性。

**ID** 您在设计过程中比较关注哪些方面？这些是否对项目最后的完成度有帮助？

**王** 我们目前做的所有项目都推行同一种方式，我会事先和甲方沟通好，做设计总包，也就是设计、景观、空间都由我们来承担。如果做不到这一点，这个项目我会谨慎地考虑接不接。还是一开始我提到的，设计是业主与建筑师完整的价值观融合的产物，不能割裂来对待。我没有把项目当做简单的"项目"来接，而是想要做到设计完整地呈现。我之前在美国工作的时候，既做设计方又做施工方，所以我对实际施工中会发生的事情、细节还有呈现的状态都非常了解。我会要求团队里的人也要掌握。所以我们一年也就做四五个项目。

每个项目的图纸量会比一般设计院或者商业设计公司多两倍甚至三倍，而且每个项目不止自己画施工图，还会派驻场建筑师。坚持设计总包，是进行一种细致入微的完成工作，这也是允许我们可以花足够多的时间和精力来实现一个好设计的前提。

**ID** 在当下的设计现状中，您的事务所采取了哪些应对措施？

**王** 我们创办了一个全新的平台"云创生活平台"，并且拿到了投资。在对城市文化研究的基础上，做出我们认为包含新趋势的空间原型，这个原型同时结合了智能家居与当下包括建筑、室内以及产品的新产业。在这个产品原型的基础上，有相关需求的业主可以让我们再根据项目的特色和要求进行润色，就像在手机上安装或卸载APP一样。

市场在变化，建筑设计的操作方式也在变，对于未来究竟会怎样，需要实打实地去研究。我认为首先需要打开思路，找到多种解决办法的可能性，而不是等甲方给你派任务书。

**ID** 除了忙于设计，您平时有哪些爱好？

**王** 我最近有个爱好，想去接触和理解"90后"以及"00后"们在想什么。我常会上哔哩哔哩网站看有趣的弹幕直播，我认为"弹幕"是一个连接"线上"和"线下"两个平行世界的"虫洞"，拥有很大潜能。我们一直认为"80后"们很年轻，会比"60后"与"70后"们以新的视角看城市，"90后"与"00后"们难道不会以同样的眼光来看待我们。我喜欢以不同的渠道和媒介去看城市生活以及城市生活中的内容生产本身。如果未来有时间，我还想做个建筑播客，聊聊建筑界不常说起的但又是建筑与我们日常生活息息相关的话题。**End**

```
    1      4
  2   3  5  6
         7  8
```

1-3 重启宅："重启宅"——正如它的名字所提示的运作：它可以按照居住者的使用要求任意布置，甚至组合成几种功能并存；若有需要，
它可以在很短的时间内恢复到初始状态——整个房间空无一物。重启宅房主的生活方式要求这两种极端的空间布局同时存在。

4-8 "城市超进化研究"计划：为公众呈现了一个系列城市研究项目的展开。"进化（EVOLUTION）"这一概念正在更多地被深入理解为一
种多层级的反馈系统。在这个递归性的系统中，一种特定的趋势让进化的复杂程度"加速"进入了新的级别，同时这种进化的产物反
过来对其轨道产生了逆作用。

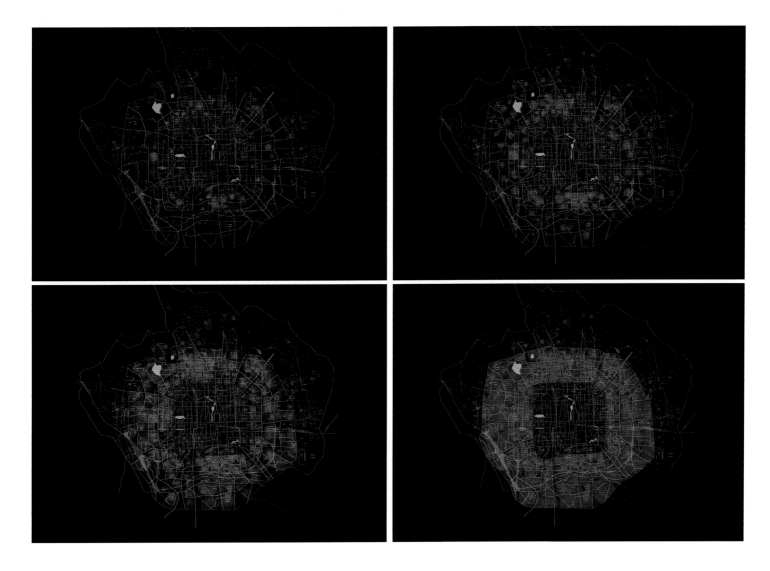

1 | 4
2 3 |

**1-4** 水塔展廊：水塔位于沈阳铁西区的一个老厂区内，其基址前身为中国人民解放军第——〇二工厂。改造是在对待历史与现实的审慎态度下展开的，并探索如何将新的现实植入历史样本中：一方面，尽量不去碰触完整保存的水塔本身，只进行必要的结构加固和局部处理了塔身上原有的窗洞口；另一方面，新加入的部分——一个复杂精巧的装置——被植入到水塔内部，中间的主体是两个头尾倒置的漏斗，较小的位于水塔顶部收集天光，较大的在塔身内部形成了一个拉长的纵深空间，并连接着多个类似"相机镜头"的采光窗。水塔的底部，连接入口与抬高的观景平台之间用回收的红砖砌成可坐的台阶，从这里向上看，光线从顶部的光漏斗及每一个不同形状及颜色的窗洞口进入到水塔中心的隧道内，并在一天之中持续着微妙的变化。而从悬挑出塔身的观景平台向周边望出去，这一装置则成为一个单纯的观察外部世界的取景器。

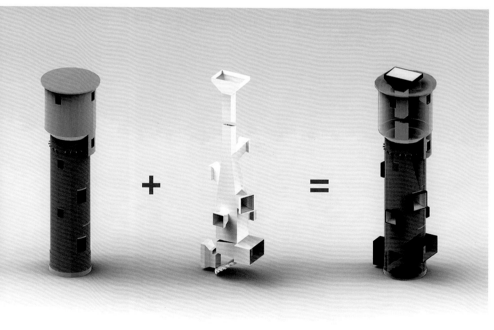

主
题

```
 1   4
 2 3 5
```

1-3 葫芦岛项目：位于展示中心的西侧，业主需要META-工作室能够为他们正在开发的项目增加另一个临时的空间，以便在项目初始进行样板间展示。META-工作室将样板空间作为另一个压缩的单元化体块，脱离主体并在二层通过一个连廊连接，以便之后对其进行修改或整体拆除。同时两个体量之间形成被遮蔽的长条形内院，设置温泉池，使得来访者即使在这一地区寒冷的冬天也可以感受海边的乐趣。

4 西海边的房子：位于什刹海西海东沿与德胜门内大街之间，原本是一个狭长基地，房主希望能将其改造成具有北京胡同文化特质的空间，同时又能满足一系列非常当代的混合使用功能。META-工作室通过空间的疏理和院落的介入，将其改造成"三进院"的形式，力图通过错落有致，移步换景的空间层次，以当代的语言重新阐释多重院落这一概念在进深变化上的可能；在庭院内部，通过火山岩、楸木与简瓦的精心构造搭接，引入有如行走在胡同中的丰富材质感受；并通过不同的"窗"成为连通内外环境并使之互相渗透的"转换器"。西海边的院子在不断的牵引外部城市与内部营造之间的对话中，寻找并阐述着北京胡同在当代的生活特质。

5 超胡同计划：META-工作室认识到胡同在与北京一起发生着改变。在这一情况下，需要一个不一样的声音，一个介乎于乌托邦和反乌托邦之间面对现实的声音。一种替代性的城市再生模型正在涌现，它将从此时此地的观察出发，关注当下现实。这一非传统的模型将胡同当做一个城市创新改造的实验场地，为当下喧嚣涌动的北京城寻找出路。"超胡同"所寻找的就是这样的模型：通过跨学科的调查和研究，营造一种探索性的氛围，以创造新的理解方式为目标，来发扬胡同文化的特质，并通向未来的种种可能。

| 1 | | |
| 2 | | 4 |
| 3 | | |

**1-4** 箭厂胡同文创空间：项目紧邻国子监西墙，基地是据称曾为"箭厂"的巨大仓库厂房之中最北侧的一排，并且之前进行的整体开发计划已经将厂房之间的空地进行分隔，在首层围合成了类似于四合院的院落。本项目是在此空间格局基础上进行的介入性改造，并按照业主的需求将这一巨大空旷的厂房转化为充满活力的传媒与文化创意人士聚集的空间，并提供一系列包括接待、会议、展示、放映、图书馆、休闲娱乐、联合办公等功能，成为文化传媒创客的"集体公社"。

# 宋刚：
# 竖梁社的本土化
# 建筑实践

采访　　　刘匪思
资料提供　竖梁社

**ID** =《室内设计师》

**宋** = 宋刚

个人简介：

宋刚，出生于湖南，毕业于美国康奈尔大学建筑学和中国清华大学建筑学。他现在任教于华南理工大学建筑学院，并在国内外其他高校担任客座教授。他曾追随徐卫国教授和 Neil Leach 工作。参与 2004 年、2006 年和 2008 年连续三届北京国际建筑艺术双年展青年建筑师与学生作品展的策展工作，并且是 2009 年深圳香港建筑双城双年展夏昌世个展的策展人。"China What！中国青年建筑师采访计划"的主持人和广州市竖梁社设计的联合创始人。作品大部分分布在珠江三角洲，包括 TIT 创意产业园、珠江啤酒厂琶醍等。

**ID** 您如何理解什么是建筑？

**宋** 就像我们之前为工作室起名，用拉丁词汇 Coenosis 代表着群体的积聚力量，隐喻着在新的技术和商业条件下，设计创造力的无穷涌现和自我网罗。而 coenosis 的简写为"cnS"。cnS（China's）代表着中国制造与创造。选择竖梁社，则是源自我们的童年记忆。我老家造房，竖梁即是把横梁抬上屋架，是一个重要的仪式。竖梁也是对于建筑学的一个隐喻，同时亦是我们现在的自我定位。

**ID** 哪些建筑师、建筑作品对您的理念产生过影响？

**宋** 我念书的时候或许会说路易斯·康以及安藤忠雄。现在我发现越来越少说哪些建筑师或者建筑来影响我。我看了很多大师的作品，有些需要去现场感受，有些则是符合媒体时代的产物，我今天再看这些建筑很难有感动，建筑师本身就是工匠，并不是灵魂的教导者。倒是我在印度的郊外看到很多斜顶的房子，我真会被这些空间打动。但如果说哪些影响到我，可能还是王小波。他的小说，我会过段时间就去重温一下，不自觉地模仿他的观念与人文精神，他对我来说比建筑师更能影响到我。

**ID** 在您看来，您所毕业的学校以及在那里的职业训练对您现在的职业有哪些帮助？

**宋** 我本科在华南理工大学建筑系，毕业后先去了清华再去康奈尔分别读了研究生。从建筑学的训练角度而言，本科阶段十分重要，建筑学与其他学科相比，具有比较丰富的理论体系。研究生阶段则是帮你塑造某种观念，确定你未来的研究方向。这种研究从本质上讲对创作有多少帮助，很难讲，对我现在所做的事情而言更难。华南本质上是传统的工科教育，我不觉得自己是典型的工科体系出来的人。我们在广州实践，倒是整个广东所处的地理位置对我们的实践产生影响，使得大家处在比较务实的经济面貌下。以全球化的眼光去看，在广州的建筑实践与北京、上海的区别之差，或许要比在西班牙与其他欧洲城市的建筑实践区别还要大。

**ID** 毕业、创业、到陆续接到项目，作为新锐建筑师，您觉得执业初期哪些经验值得分享？

**宋** 其实 2009 年刚成立事务所的时候，我们花了近三年多的时间定义自己，不太愿意融入本地实践，当时经常去北京、天津、上海等地谈项目。经过了长时间的实践，我们认识到自己本地性的特色，正如现在正在接触的广州骑楼街的城市改造项目，只有浸润在本地文化之中的事务所才可以对这些项目有感情，现在我们的定位就是扎根南方。这个定位以及背后的自我价值认同也是我们需要保留的自己的独特性。

**ID** 回顾之前的作品，您觉得哪些作品在设计历程中具有一定的代表性，或是体现了您在那段时期内哪些思考？

**宋** 2009 年至 2010 年，那时是中国数字化建筑的高峰期。我们做了很多与数字建筑相关的尝试。当时，正逢广州筹办亚运会，这对我们年轻建筑师来说提供了参与的机会。我们承接到一个今天看来都十分有意义的项目，珠江啤酒厂琶醍改造。基本广州的文艺青年都知道这个地方。随着这个项目，我们慢慢接触到更多的文创类项目。2010 年到 2015 年，经历了一段摸索期，我们做了很多的尝试。同时业主也发生了变化。从一开始给朋友盖房子，不需要图纸、徒手画的阶段转化成基于图纸的开放商阶段。2014 年到 2015 年期间，我还研发了一些与室内配合的家具与灯具，参加了各种文化活动的推广。2015 年对我而言是个重要的时期，我找了自己的定位，也意识到自己能做到什么，形成了比较确定的价值体系。

**ID** 能否详细解释一下您现在定位自我的"价值体系"？

**宋** 一共有 3 点。1、基于本地的实践，我现在在某种意义上反感"全球化的设计师"。我们会认为那种与其说是建筑师，不如说是平面设计师（graphicdesigner），或者别的什么建筑师。建筑应该还是本地性的实践。2、建筑边界的模糊。当我们在本地做建筑项目，与甲方合作时，甲方是在非常认可你的基础上让你做个建筑、室内、景观甚至雕塑，让你做个空间策略。你会不由自主地被他拉去"跨界"。我们承接的琶醍二期，充当的都是类似甲方的角色，包括挑选材料供应商在内，什么都需要考虑。从建筑师转为综合环境设计，也是跨界。身份与职能的边界变得模糊。3、我们事务所中所有搭档都是工科背景，对技术本身的偏好还在左右我们。在很多项目中，我们会进行很多实验和尝试，比如使用特殊外墙油漆、地面景观采用局部的特殊处理、还研发了带有专利的灯具。

**ID** 目前事务所的规模如何，正在进行哪些项目？

**宋** 我们是合伙制公司，三个合伙人，此外公司员工一共 30 名。如果按照一般设计院模式来说，我们相当于 80 到 90 人的设计院规模。

目前正在同时推进项目一共 10 多个，在建的 6、7 个项目。项目中涉及旧建筑改造比较多，也涉及艺术装置。竖梁社成立至今，光装置就做了近 30 多个。我们的一些合作伙伴，包括甲方都比较固定，新业务、新客户增长率每年差不多以 10% 左右比率增长，大部分都是合作过的甲方。

**ID** 在当下的设计现状中，您的事务所采取了哪些应对措施？

**宋** 如果你也认定我的观点，建筑师本身不是很能赚钱的行业，就会淡然面对现在的状况。就像欧洲与美国已经面临的境遇，建筑师的未来前景肯定是暗淡的。我们主要的业主都是文创类的小客户或者规模不大的开发商，并没有太多地受到大环境的影响，对现在的状况还比较满意。

| 1 | 2 | 4 |
|   | 3 | 5 6 |

1-3 佛山艺术村:根据规划确定的建筑体量原则,艺术村项目由十余个方形建筑体量组成,位于青少年宫南侧,佛山"世纪莲"体育场西侧。
建筑沿河道两岸布置,分别设置艺术家工作室、画廊、艺术博物馆、艺术商店、艺术广场等功能,目的既是作为佛山本地艺术家的工
作室,也为市民提供户内外休闲娱乐陶冶情操的场所,同时这些功能作为周边文化设施的补充,在密度和空间形态上还是文化 Mall 的
一个重要的公共绿地节点。

4-6 广州树德创意园:设计师工作室群位于 TIT 创意产业园内,包括 10 余栋 200-1000m² 的小建筑以及小品设计。原来为广东省纺织工贸
集团的工厂边角用地,处于正在生产的奇星药厂一侧。建筑和景观试图探索激活城市"边角余料"空间的可能性。

```
| 1 | 4 5 |
| 2 3 | 6 |
```

1  广州天环广场临时景观装置（合方十筑）

2.3  厦门万科海西工业设计中心：海西工业设计中心（园区 16# 厂房楼）曾是木料生产加工厂。改造后转型为创客空间，并在首层设置咖
啡厅等营业店面。改造设计旨在修缮原有建筑整体外观，创造出适合新功能的外观、环境以提高建筑品质及整体氛围，所采用元素
主要为木料以作为对建筑原有功能的回顾，即将木料的使用功能转化为美学价值。

4-6  广州杨协成电子商务创意园：广州杨协成厂区建于 1990 年代，多年来伴随着品牌的发展成为这一代人共有的集体回忆。厂区位于广
州客村，临近广州塔和 TIT 创意园区。随着"退二进三"的进程，这里将转变成为电子商务园区。竖梁社承担了该项目的建筑、景观
和室内设计。

| 1 | 5 |
|---|---|
| 2 3 4 | 6 |

**1-4** 厦门联发华美空间：联发华美空间文创园项目位于湖里老
工业区，前身为新中国首个中外合资卷烟企业——华美卷
烟厂。项目由1个大空间厂房，2个高层仓库和5处临街独
立庭院式建筑改造而成，都是宽敞开阔的 loft 空间。从4.6m
到11m 各种挑高不等，可以根据需求灵活分割定制，满足
入驻时尚设计工作室、设计师的个性审美情趣。

**5.6** 羊城晚报总部改造——羊城同创汇：位于广州市东风东路
733号羊城晚报社原址，是羊城晚报、同创资产携手腾讯
共同打造的全国首个"移动互联网生态树·创业综合体"。
汇集新概念办公、商业、公寓于一体，是一个互联网孵化
器平台。

# 潘岩：
# 深邃的真实性

**ID** =《室内设计师》

**潘** = 潘岩

个人简介：

潘岩，建筑师、室内设计师。重庆大学建筑系建筑学学士，伦敦大学巴特莱特学院建筑学硕士学位，师从英国著名建筑师、建筑教育家彼得·库克爵士。于2004年在伦敦福斯特事务所开始他的实践之后，曾在英国和澳大利亚的世界著名事务所担任重要工作。历任英国伦敦福斯特事务所 Foster+Partners 设计师，KPF 事务所设计师，项目经理，RTKL 事务所主管。广泛参与从私宅到酒店，从机场到城市设计的各种不同尺度、不同性质的项目。之后加盟英国拉塞事务所，作为亚洲区总监继续建筑实践。近年来，与一批志趣相投的伙伴一起成立 SpActrum 谱空间工作室，提出了在设计、艺术领域进行批判性实践的主张，并赋予行动，其作品发表在《Domus D Plus》、《UED》、《室内设计师》、www. worldarchitecturenews.com 等多个最富影响力的国内国际媒体上，并获得意大利 A Design Award 奖。除实践之外，他也曾为建筑展览担任策展人，并在多个权威媒体平台多有出版、著述，并应邀在伦敦 AA School、东南大学、西安建筑科技大学等建筑学府内设有讲座。

采访 ⎪ CC
资料提供 ⎪ 潘岩

**ID** 您如何理解什么是建筑？您的设计理念或者信条是什么？

**潘** 提起建筑，我认为一个概念：built environment（建成环境）比较好地说明了它的起源涵义。建筑作为人类的创造物而生，以帮助人类从自然中独立起始，到与自然再次达成和谐统一，成为人类生活环境的一部分。建筑同时是一种思想方法，它事关建构与逻辑；连结感知与构架，一端是可预知和不可预知的事件，另一端是我们规划的构筑蓝图。我的设计仍然是处于现代主义这一大背景之下的。我和我的合作伙伴认为："现代主义"，是基于深入骨髓的教育，也是自己思想逐渐成熟后真正的价值认同。现代主义，正像扎哈所说的："不是一种风格，而是一种思考方式"，是有史以来在思想、意识形态、生活方式上对人类最大的解放，指向真正的自由。我在这个基础上探索这样一种方向：不诉诸叙事，不借助引用，以抽象的形式，材质等本质问题直击人的最上层的内心世界。我们对于物感和体验同样着迷。所以我们研究形式本身，研究材料潜能，研究人的行为与感知体系。我们面对真实的当下，不参杂约定俗成（所谓文化）带来的成见，同时寻找穿越眼前世界的另一重深邃的真实性。

**ID** 哪些建筑师、建筑作品对您的理念产生过影响？

**潘** 很多人和作品对我产生了重要的影响，说几个最重要的。

张永和，在 1990 年代第一次展示给我建筑师应该怎样观察世界，这几乎是醍醐灌顶的。

扎哈·哈迪德，她在建筑中表达了流动、破碎、不均衡、极度个人情感等传统建筑语言视为畏途的，但又是我们这个世界真实的组成部分，并根植于人内心深处的设计语言，极大地丰富了我们这个时代对于建筑以及形式的认知。

雷姆·库哈斯，他对于当代社会的观察与认知和我有巨大的共鸣。他的实践在我看来是这样一种精神：接受现实，有所作为。他毫无分别心地观察社会现象，并抓住其中对于建筑形式具有推进力的方面，勇敢前行。难得的是，作为近期建筑界最伟大的思想家，他的实际建筑作品具有非常高的品质。

赫尔佐格与德穆隆，他们伟大的泰特美术馆几乎颠覆了我的建筑观。没有任何夸张的造型，把主角的地位明白无误地渡让给艺术品。但建筑是精心而考究的，处处透漏着一种当代性，一种只属于这个时代的美感。后来再看他们在巴塞尔的 Schaulager 艺术仓库，视觉感知、体验、材质处理，在完全抽象性的建筑中创造了不可思议体验。他们的建筑道路可能是与我本身想走的路是最为接近的。

另有三位建筑师他们没有从建筑思想上太多的影响我，但是他们的建筑给我的是真实的触感：空间、材质、物感近乎完美，他们是：彼得·卒姆托，他的浴场我在各个季节去了六次，他的建筑水准如此之高，以至于作为建筑师，已经养成了庖丁解牛一般剖析之眼的我身在其中竟能安心沉浸在他塑造的"光晕"（ambient）之中，忘了建筑。卡洛·斯卡帕，他是一位操控材质与细节的超级高手，他的威尼斯的奥利维蒂展厅和维罗纳的古堡博物馆简直就是建筑细部教科书，同时让我产生一个疑问：细节非得这么折腾吗？还有一位就是美国西海岸建筑师，约翰·拉特纳，国内对他的介绍寥寥无几。在他的建筑中，处处体现着一种现代主义精神下的舒适，甚至奢华。他的建筑也是电影置景的宠儿：汤姆·福德的《一个单身男人》（a single man）里的 Schaffer Residence, Goldstein House 则出现在一大堆电影里。

我喜欢的人他们之间没有多少形式上的连贯性，形式对于我来说是平等而民主的，选择不建立在用曲线还是用直线上，而是建立在更高的层级。风格只是最外在的事情，对于创造者来说，风格是不存在的。

**ID** 在您看来，您所毕业的学校以及在那里的职业训练对您现在的职业有哪些帮助？

**潘** 重庆建筑大学是围绕建筑设计建立的综合性大学。这里的学习给我一个对于建筑诸方面知识的基本教育。认识到建筑作为工程的方方面面。另外，这里实在是有很好的图书馆，在网络还不普及的年代，我们基本可以同步读到欧美主流，甚至是前卫的建筑期刊，不仅有《GA》，《Architecture Review》，这些常规的，连《AD》，《AA files》都有。伦敦的 UCL 大学 Bartlett 学院则带给我完全新的一片天地，为我解开创造之谜。在这里，你开始真实地看到大师以及他们的具有创造力的想法究竟是如何生成的。可以说，当时国内习惯把大师捧上神坛，而在伦敦，你看到了所谓的大师都是一个一个行动中的人。这对一个年轻人来说，是一种很现实的鼓励，也是警醒，因为你看到很多大师人性中的挣扎和更复杂的方面。

**ID** 毕业、创业、到陆续接到项目，作为新锐建筑师，您觉得执业初期哪些经验值得分享？

**潘** 最主要的是找到自己，进而生成自己的建筑语言。明白自己要做什么不是一个简单、任性、心灵鸡汤式的顿悟过程。找寻自己既是愿望也是能力。值得一提的是，我远不是一毕业就创业的。在福斯特事务所和 KPF 事务所经过了较长的职业生涯。抛开建筑旨趣上的差异，在这些体系完善的著名事务所的从业经历教会我很多。

**ID** 回顾之前的作品，您觉得哪些作品在设计历程中具有一定的代表性，或是体现了您在那段时期内哪些思考？

**潘** 静林湾是第一个我自己全面掌控，全面实现我的设计想法，以及全面完成施工各阶段的项目。面对中国作为工业大国的真实现状，忘记乡愁，中国高度发展的工业基础能够为营造舒适的家庭生活空间服务？以这个问题作为起点，该项目对于空间、几何、材料、加工工艺都提出了自己的主张。

伟志大楼及静心酒店是一个拉得很长，还在实现中的项目。这个项目从建筑到室内，反映了我对于建筑、城市的认识，并希望在城市、建筑、室内创造一种连续性。这个也是一个广泛国际合作的项目。我与英国 LASSA 事务所的 Theo Lalis 建筑师精诚合作，最终完成的是真正的我们两个人设计思想的融合与交流的产物。项目的技术顾问团队也非常国际化。

麦克森展厅是一个好玩儿的小项目，在曲面设计制造做出了一些探索。有意思的展台探索了生产工艺中塑形，而不是设计过程中塑形的理念。

MASSTONE 是最近完成的一个项目，反映了我最新的一些思考：他挑战了建筑和室内设计中将建筑空间作为物体来设计的倾向（即便我自己也是具有这种倾向的），探索以空间体验为主线的设计会有怎样的潜力。一定程度上，这个设计是对现代主义传统的回归。中心的坡道与平台是这个体验的核心，综合调动人的多种体验，以身体、视觉与这个环境互动。钢铁流云一般的衣架系统，漂浮在绿色斜面墙上的椭圆挑台都是这个系统附加的一些创造梦境的元素罢了。

**ID** 您在设计过程中比较关注哪些方面？这些是否对项目最后的完成度有帮助？

**潘** 设计不是一个简单的解决问题的过程，而很大程度上是提出问题的过程。设计过程最为艰难的就是找寻到有价值的问题。设计师要创造一个系统，一个世界，在这个系统中，逻辑严整，自圆其说。同时这个世界能够很好地对应真实世界的问题。

因此，我并不认为设计能够直接对应它所服务的功能，而是应该在理解功能的基础上，建立一个对功能的再现系统。设计是一个魔力水晶球，通过操控一个自为的系统

来影响另一个与之联结的世界。

　　另外一个至关重要的就是设计实现的过程。制作工艺、生产厂家、产业能力既会限制也会启发设计本身。

**ID** 最近在忙哪些新项目或者研究?

**潘** 今年刚刚完成事务所北京工作室,正在入驻、调整之中。去年到现在一直在规划设计北京一个重要的艺术区项目,以及开始其中一些著名艺术家工作室的初期设计,但这个项目最近面临报批的一些问题,还在等待之中。同时,也在做一个品牌店的连锁店提升设计,试图用模块化、元素化的思路解决一系列的问题。另外,还受邀请设计一些艺术体验空间,相信会得到有价值的探索。伟志大楼走过了规模调整、高度调整、功能调整,又经历了一次甲方转换,目前还在努力

实现当中。

**ID** 在当下的设计现状中,您的工作室采取了哪些应对措施?

**潘** 在国外的从业经历对我产生的一个重要的影响就是相信多专业、高水平的外部顾问。相对于国内建筑设计院内含所有专业、国外建筑师事务所几乎只有建筑专业,其他全部依靠外部配合。我认为这种方式可以保持各自的专业度,共同完成优质项目。所以,在国内的项目我们也非常重视与卓越的外部结构顾问、灯光顾问、商务顾问的合作。

**ID** 除了忙于设计,您平时有哪些爱好?

**潘** 收藏。我驾车几乎走遍英国的乡下还有附近国家,去收集欧洲的家具、家饰。并且做了稀思堂西洋古董店,把一些收藏分享给更多人。**END**

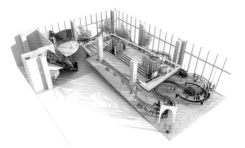

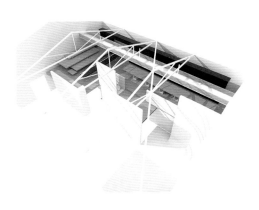

```
┌─┬───┐
│1│4 5│
│2│   │
│3│ 6 │
└─┴───┘
```

**1-3** MASSTONE 集合品牌店：600 多 m² 的国际高端时尚品牌买手店。以时尚 T 台和自然山石作为灵感来源，创造了可自由游荡的三层坡道、平台组成的空间，作为抽象的核心区域。曲线型的挂衣系统结合灯光设置，将顾客引导至曲面收银台，这里垂直绿化形成绿色的山谷，VIP 室仿佛圆月漂浮于水上。

**4-6** 谱空间北京工作室：潘岩团队安放在北京的家，包含办公，展示，会谈交流，并设置了一套完善的化妆间和健身房。在 400m² 的空间内，以极简的现代主义语言作为空间框架组合了一间高端西洋古董展示空间，并且设计了自己的办公家具、灯具。抽象冷峻的现代设计语言与极富细节表现力的古典家具、饰品奇妙地混合一体。

| 1 | 3 |
| 2 |   |

**1-3** 静林湾：240m² 的别墅改造。以工业化的方式创造具有精神
和肉体舒适性的空间。同时完成了一次对于中国工业加工能
力的考察。

1 | 4 5
2 3 | 6

**1-3** 麦克森展厅：300m² 大厅里的高科技工业产品展览空间。以宇宙大爆炸作为创意出发点，以互相掩映的两片曲面壳体作为围合墙面。
内部展架采取块面切割的语言，如同生成中的晶簇。

**4-6** 伟志大楼及静心酒店：12 000m² 酒店设计项目。以精神修行为设计主线，以数码设计操控极具流动感的形体，营造内心安静纯洁的
空间体验。客房平面组合极富创造性，布置了不干扰客人、可维护的绿植庭院，并且将自然光引入建筑内部。

# 亘建筑:
# 建筑不是思想,
# 而是一个有感性
# 品质的存在物

**ID** =《室内设计师》
**亘建筑** = 孔锐 & 范蓓蕾

亘建筑事务所由孔锐先生和范蓓蕾女士于 2013 年在上海创立。孔锐先生在南京大学获得建筑学硕士学位,曾供职于德国 gmp 建筑事务所,参与完成了上海东方体育中心和杭州国大城市广场等项目,其中上海东方体育中心曾荣获全球体育类建筑最高奖国际奥委会运动设施金奖。范蓓蕾女士拥有同济大学建筑学硕士学位和德国柏林工业大学城市设计硕士学位,曾受聘于大舍建筑设计事务所和水石国际,参与完成了广受关注的螺旋艺廊和上海嘉定博物馆等项目,其中螺旋艺廊项目曾获 2012WA 中国建筑奖提名。亘建筑事务所主持建筑师现担任同济大学建筑系客座讲师,曾任东南大学建筑系客座讲师,天津大学建筑系和上海交通大学建筑系客座评审,并受邀在东南大学、天津大学、南京大学、华中科技大学、西安建筑科技大学、香港大学上海学习中心和 TEDx 等著名建筑院校和机构举办学术讲座。

**ID** 您如何理解什么是建筑？您的设计理念或者信条是什么？

**亘建筑** 设计的过程总是曲折的，一个好的设计是感觉和理智共同作用的结果。每个项目的前提都不尽相同，前期需要耐心的工作，去理解任务书和业主意愿，找到关键问题和自己行动的立场。我们的设计是从观察基地开始的，在现实中去寻找和发现设计的主旨。建筑不是思想，而是一个有感性品质的存在物，它形成某种氛围，让人们在其中进行恰当的活动。我们的兴趣是去创造一种有性格和态度的空间，营造每个空间独特的氛围，让使用者在其中获得有品质的生活。

**ID** 在您看来，您所毕业的学校以及在那里的职业训练对您现在的职业有哪些帮助？

**亘建筑** 建筑师的职业训练更多地是来自于实践过程，学校则是培养学习的兴趣和方法。很有幸我们分别跟随丁沃沃教授和王方戟教授学习多年，他们既是治学严谨的学者，同时也是建树颇丰的实践建筑师。他们都有某种"先锋"的特质，对未知世界保持热情和好奇心，又拥有永不倦怠的信念和坚韧，这对我们影响颇深。

**ID** 毕业、创业、到陆续接到项目，作为新锐建筑师，您觉得执业初期哪些经验值得分享？

**亘建筑** 亘建筑工作的起点是一个真实的项目，或者说是先有了项目再创立了事务所。那个项目的建成，让我们对待执业的立场和态度，都有了一个切实的基点。通过几年的实践使我们确信，跟业主在充分沟通的基础上建立互信，是项目顺利推进的必要前提。

**ID** 回顾之前的作品，您觉得哪些作品在设计历程中具有一定的代表性，或是体现了您在那段时期内哪些思考？

**亘建筑** 清境原舍（原名上物溪北）民宿是事务所的第一个项目，我们通过这个项目将触角伸向了策划、土地、成本、施工、运营等各个环节，也从中真切地感受到了来自场地和功能的需求。

Absolute 花店尺度很小，身处闹市，我们希望通过对材料和光线的控制去讨论人工环境与自然环境的关系。

力波啤酒厂区更新提案（国际竞赛一等奖）和最近建成的富丽服装厂改造项目，则是通过发现旧建筑及其环境自身的特质，并为它们提供新的语境来将其呈现，以此为城市更新项目提供一种新的视角和工作方法。

**ID** 您在设计过程中比较关注哪些方面？这些是否对项目最后的完成度有帮助？

**亘建筑** 沟通和交流，可以让参与项目的各方都了解彼此的意图。

**ID** 最近在忙哪些新项目或者研究？

**亘建筑** 最近在正在做一个与历史街区改造有关的城市设计，同时我们今年也在同济大学带复合型创新实验班本科三年级的设计课程。

**ID** 在当下的设计现状中，您的事务所采取了哪些应对措施？

**亘建筑** 事务所有两个主要的研究和实践方向，一是城市中的旧建筑改造，以及乡野环境中的建造。因此从我们的角度来看，面临的设计现状并没有发生太大的变化。市场趋于稳定和理性，对建筑师而言一定是有益的。

**ID** 除了忙于设计，您平时有哪些爱好？

**亘建筑** 逛超市和花市，玲琅满目的感觉总让人流连忘返。■

**1.2** 清境原舍（原名上物溪北）民宿：坐落在浙北山谷茶山竹海中的清境原舍酒店，位于小溪北岸的狭长用地上。基地上原有一座乡村小学，校舍靠北侧一字排开，空出南侧场地。且建筑沿用原有的场地关系，将建筑结合现有场地高差分散布置，在保证酒店每个客房都拥有南向景观与日照条件的同时，兼顾酒店客房的私密性、服务动线的隐蔽性和便捷性。砖墙通过采用特定的砌筑方式，既保持了青砖墙作为本地建筑材料的属性，又使其拥有尺度感和一定的实用功能。屋面的处理方式则是综合考虑当地民居瓦屋顶形式、保温构造要求以及周围的山形。

**3-5** 同和凤城园（富丽服装厂改造）：上海富丽服装厂，建于1982年。厂房为混凝土装配式结构，预制构件像积木一样，条理清晰地逐层垒放上去。且建筑在改建中拆除了吊顶，并把正立面打开，将城市的景观引入建筑，也把建筑的骨架展示给城市。新的立面系统比原结构稍稍退后，以便让建筑里的人能够走出来。建筑南边是大片的工业厂房，在远远的地方才有些高楼，是城市里难得的开阔景色。夜晚，槽型楼板被灯光打亮，混凝土的间架结构从透明的正面展示出来，远远就能看到。

1.2 乡宿上泗安：上泗安的乡宿酒店并没有一个集中地块，而是散落在村里沿河的三个位置。改造后的民居保留了场地原来的肌理，让村民们能够自由通过，只是通过铺地方式的交换，暗示出酒店所在的范围。根据现有建筑的形式和位置，三个不同的区域采用了不同的改造策略。加建、新建和修缮，需要种类繁多的结构形式和物料搭配，我们在此过程中，并没有预设一个统一的风格，而是尽量回答场地及使用提出的问题。

3.5 力波啤酒厂区更新提案：在日益同质化的都市环境中，场地内留下的各具特色的工业建筑遗存，显得尤为宝贵。亘建筑添加了新的建筑与它们并置，创造出一组异质的风景，历史和未来，自然和人工，蒙太奇般的片段，承载不同的都市生活。一组异质的物体摆在一起，看向二期对岸的风景，而自己也成为风景。当人们来到这里，感受到的不同的环境片段。这些片段有的适于工作，有的适合休闲，有的关乎艺术，有的关乎历史，这便是城市生活的愉悦。

4.6.7 树袋屋：本案是分散式酒店中的情侣套间。亘建筑思考了初民的两种建筑形态——穴居和巢居，将建筑设想为巢居上的穴居。它立于山腰，探出树冠，俯视山谷，情侣空间是个单纯的囊，两人沉在袋底时，被柔软的空间包裹。

| I | 3 |
|---|---|
| 2 | 4 |

**I.2** Absolute 花店：这个临街店铺原有一个狭长的房间和一个小小的入户前院。去除了房间和前院之间的外墙，扩大了室内，用橱窗屏挡了街道，只让天光进来。半反射的室内，虚化了空间的边界，仿佛薄雾笼罩。并且为此空间专门设计了灯具与家具。片状的挂灯布满整个顶棚，将自然光和人工光弥合在一起，街道上风吹树叶的落影也会在室内跳跃。白色桌子的细脚轻轻地落在地上，让上面的鲜花也失去了重量。

**3.4** 花草桥：花草桥位于上海典型的河滨社区，过去的水岸生活已经消散，如今是高高的防汛墙和狭窄的步行道。亘建筑设想了一座步行桥，它是个"柔软的花园"，轻轻地"放在"防汛墙上，邀请人们在水上停留片刻。

采　访　｜　CC
资料提供　｜　名谷设计

潘冉：
建筑不是妥协，
设计更需要克制

**ID** =《室内设计师》
**潘** = 潘冉

个人简介：

潘冉，名谷设计机构创办人；梧桐学社创办人；国际室内建筑师联盟成员（IFI）；老门东历史街区评审委员会装饰设计顾问。 荣获第十三届（2015）现代装饰国际传媒奖 "年度公共空间大奖"。

**ID** 你如何理解什么是建筑？您的设计理念或者信条是什么？

**潘** 我理解的建筑作为一种空间限定，负责沟通人与自然之间的关系，负责修复人类的生活秩序。我们常说，人类是短暂的人类，自然是永恒的自然。建筑作为人类抵御天敌的工具，诞生伊始就注定了它的反自然属性。因此我们在设计的时候更应该抱以谦虚的态度，摒弃哗众取宠的想法。"受自然恩惠，旦求平等，不欲瞩目"这种不卑不亢的建筑性格为我所欣赏，在设计时我会比较关注"克制"与"梳理"两个方面。美好的事物有很多，表达的方法有千万种，在一个项目中，前期考量时我会一直做减法处理，精炼出最想述说的内容并争取以最恰当的方式表达出来。

**ID** 哪些建筑师、建筑作品对您的理念产生过影响？

**潘** 建筑史上从来不缺少优秀的建筑师，其中有四位对我的影响最深。两位来自西方，美国的路易斯·康和意大利的卡洛·斯卡帕。路易斯·康关注建筑秩序的恢复，以及自然与光线、自然与自然的关系解读。他呈现空间秩序的方式及理论系统对我的启发非常大。卡洛·斯卡帕在他的建筑范畴内，是难以超越的。我曾经撰写过关于他的报导，可以说卡洛·斯卡帕先生在细节上的把控程度已经超出了建筑的界限。

两位东方的设计师一位来自斯里兰卡的国宝级的建筑师杰弗里·巴瓦，他的作品同属于现代主义建筑，但同时他建立了自己的东方认知，植根东方，做出了很多代表自身民族的作品。最后一位也是影响最深的建筑师是同济大学的冯纪忠先生，冯老在一个特定的时期，与物质和认知都缺乏的年代，独立思考，完成了方塔园·何陋轩如此高水平的创作，就是这样一个以宋式美学为参照并为当代认知的作品。

**ID** 在您看来，您所毕业的学校以及在那里的职业训练对您现在的职业有哪些帮助？

**潘** 我的母校是安徽建筑大学，在我上学的时候还是其前身安徽建筑工业学院。我很惭愧，当时在校时并未专心于学习，更多的时间和心思都花在了搞音乐、组乐队上。现在回想，母校的教育体系其实非常地系统、完整、高效，专业针对性也很强。当时在校觉得学习理论任务繁重且枯燥无味，真正拿到

项目又感觉无从下手、使不上劲。之后，每年接触很多项目，逐步感觉到学习理论的重要性。很多基础课程比如画法几何、建筑初步等等都体现出自身含金量。

**ID** 毕业、创业、到陆续接到项目，作为设计师，您觉得执业初期哪些经验值得分享？

**潘** 毕业后走上社会，开始接触实际的项目运作，才渐渐明白了什么是设计。我认为，一个设计师着手设计的初期必须是积累经验，积累知识，积累人与人的交往技能，这个不是在专业课堂上就能解决的问题，需要长时间的摸索和思考。积累的同时亦须坚持，要成为一个成熟的设计师必定遭遇到很多磨难；即便相对成熟，也会遭遇到职业的瓶颈、项目的阻力。每当这个时候都是考验职业信仰的时候，我们需要足够坚定，坚守着去等待机会，等待能够表达自己设计思想和方法论的途径。

**ID** 回顾之前的作品，您觉得哪些作品在设计历程中具有一定的代表性，或是体现了您在那段时期内哪些思考？

**潘** 回顾之前作品，其实是有递进式地在完成一个系统内的思考，逐步建立自己的认知。2013年的时候，一个偶然的机会让我接触到传统的建筑，提供了在传统建筑形式内实践的可能。当时我认为传统与当代需要进行沟通，在"小东园"创作过程中，我把关注点放在"对话"上。随着新的作品陆续展开、摸索深入，慢慢发现传统与当代并不单单是对话那么简单，这里有一个时空轴的概念，我们急需对传统的理解，先辈留下的文化瑰宝我们忘却得太多，传承得太少，甚至不具备读懂它的能力。为了学习理解认知传统的方法，我开始阅诗书、读画、看山水。常说心中有山水才是真正的山水，"山水"对于中国文化代表着内在。在设计"印象村野"的时候，我开始尝试表达自己心中的山水。这个作品提炼了很多内心情感，使用抽象的手段传递意向，用抽象去表达具象，用抽象去传递内心。这同样体现在"桔子水晶"里。重重叠叠的造型构筑起整个设计，芦苇为灯，秋千为椅。自然界的事物在这个空间内，重新被理解，展现新的秩序。2014年的下半年，工作室得机缘在老门东历史街区落地。一个三进的传统院落，可以不为商业左右，为工作室自主。世间最美无非阳光、空气、雨露，当我们连这些都进行取舍，该

是如何一种状态？第二进院子——"来院"承担了这种想法的空间实践。我们首先确定了光线的选择，摒弃室内照明道具，通过控制光线的路径及形状，引导自然光线进入室内。屏蔽了大部分色彩，通过降低空间饱和度等一系列手段，将空间清理出拙朴干净的气质。建筑解决功能问题和美学问题就足够么？它的本质到底是什么？仍是需要持续探索的课题。

**ID** 您在设计过程中比较关注哪些方面？这些是否对项目最后的完成度有帮助？

**潘** 每一个项目都有其特殊性，其本身的性格就是项目的灵魂所在，相应的每个项目应该有其特有的创新点，如何表达会成为项目把控的出发点。其次是执行问题，设计体系必须面面俱到、层层相扣。比如说空间表达、光感表达、软装表达等等，凡是我们的手、眼、行为能接触到的地方，都必须执行递进式的细化。设计之初关注品格创新，设计阶段细致入微、善意体贴，最后呈现的作品一定是优秀的。

**ID** 最近在忙哪些新项目或者研究？

**潘** 最近思考的主要是生态能源方面的问题。改革开放以后，大量的土地开发已经让国家和行业呈现出疲劳状态，造成巨大的环境污染。在此情境下，我开始探索更环保的物料，那些物料或是自然生成或具有自动更新或者具备呼吸属性。近期着手的是一些关于竹子的实验：一个茶艺场所与一个人居住宅。我尝试用一些很廉价的素材去构筑启发心灵思考的质朴设计。

**ID** 在当下的设计现状中，您的工作室采取了哪些应对措施？

**潘** 当下有两种现象比较突出，一种来自于经济环境，一种发自行业内部。在房地产经受调控后，设计行业也受到了一些限制。情况越复杂，我们越要更多地关注设计本身，提高核心竞争力，打造更优秀的作品，坚定不移地贯彻团队精神。

近几年行业中过度的喧哗已经超出对设计本身的关注。自媒体的兴起起到了很好的信息传播作用，可是这种宣传很容易模糊标准，丢失自身的行业立场。设计师字面解读就是专注于设计的人，就像文学家以文字说话一样，设计师以图纸表达。因此，我和团队的同仁们唯有屏蔽有害、坚定设计认知、磨练专业技艺、时刻警醒自身。**END**

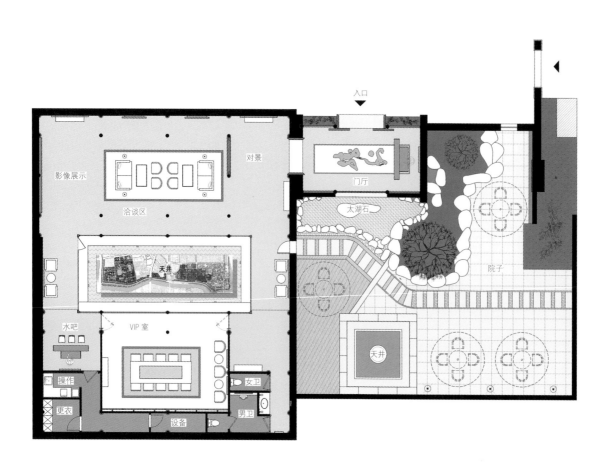

```
I   3
2   4 5
```

I-5 南京小东园：在不破坏任何老建筑表皮的情况下完成新的使用功能，
    是设计师需要解决的基本问题，其次是在有限的空间内完成相对全
    面的展示，让人感受到气质人文的接待氛围。

| 1 | | 4 | 5 |
| 2 | 3 | | 6 |

**1-6** 印象村野：设计师以淮扬大地的现实面貌与百姓生活状态为切入点，携带着淡淡的怀旧情节，似乎童年的回忆一刹那间被唤醒。"印象村野"成为了表达餐厅设计的主题，远山、轻风、白云涌动，一片竹篱分割的菜园草地，儿时的竹蜻蜓，貌似是送给了隔壁玩伴。这些活态元素都被抽象化处理成餐厅内的静态造型，等待食客的亲身体验。

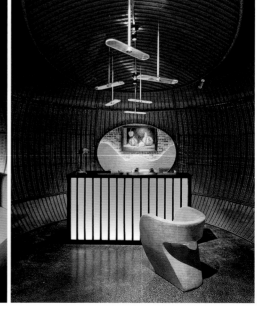

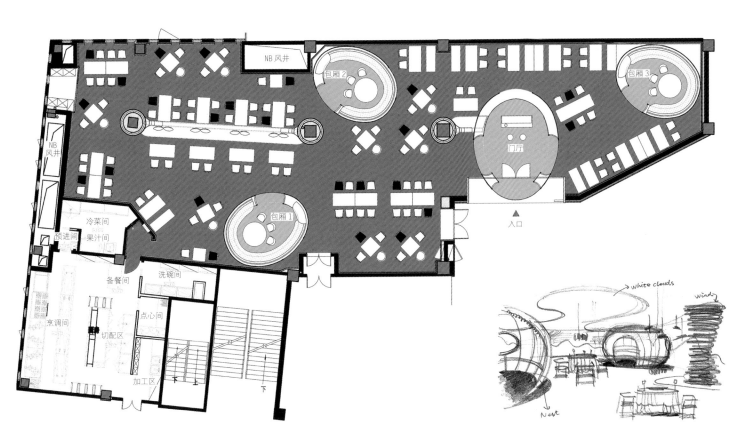

```
| 1 |   |
| 2 | 3 | 4 |
```

**1-4** 桔子水晶：在本次设计中，设计师从几何学进行思考，将现实的藩篱形象化，将固有形态切割分解，利用形象的渐变、疏密的渐变配合思维的延续，以及虚实渐变的手法打开空间延展性。随之形成了层层叠叠抽象的桔子树与品牌概念相呼应，叠加的元素向着上空延展，但水平方向仍然保持着流动感。

**1-5** 问柳:昔日秦淮,有三家老字号的茶馆,俗称"三问"茶馆。其名分别取自"问渠哪得清如许,为有源头活水来。"一问渠;"使子路问津焉。"一问津;"问柳寻花到新亭"一问柳。"三问"大约建于明末清初,是文人墨客聚会、商家巨贾谈生意的常往之地。本次设计对象,恰恰是以兼制活鲜菜肴闻名的"问柳"茶馆。"问柳"夸而有节,饰而不诬,恭敬地表达着空间营造者谦卑的诚意。设计中选用了瓦片、砖细、竹节、风化榆木等当地地域材料,最朴素的材料在当代工艺的精细研磨下,结合建筑本身的结构构造特点,对空间进行适当的润色。

# 夏慕蓉：

# 追求日常的惊喜

采 访 ｜ 刘匪思
资料提供 ｜ 夏慕蓉

**ID** =《室内设计师》

**夏** = 夏慕蓉

个人简介：

1990 年生人。

"我去旅行，是因为我决定了要去，并不是因为对风景的兴趣" 这样的任性，激发了写人、观影、做设计的自我定位。

东南大学建筑学学士，独立建筑师，inFormal 创始人。

追求日常的惊喜，并创造一种典雅的趣味性，是我追求的建筑境界。

个人微信公众号：画话（huahua_samoon）

| 宜昌城市规划展览馆

**ID** 你如何理解什么是建筑？你的设计理念或信条是什么？

**夏** 我理解的的建筑与人的关系密不可分。建筑代表了人——决定它的人、使用它的人、创造它的人、经过它的人。建筑与人的关系是我思考建筑的基础所在。建筑是人造物，怎么通过建筑去传递感情、像人一样拥有"建筑"独立的气质。气质，我喜欢用这个字眼，是因为气质最能表达人的特质，当我的建筑像人一样充满喜、怒、哀、乐，空间便产生了。

这或许和我的星座有关。我是双子上升处女。我对事物充满好奇，又对世界抱有批判。好奇心让我发问，批判让我对互联网时代快节奏、空虚且无内容的消费文化持很强的保留态度。追求日常的惊喜，并创造一种典雅的趣味性，是我一直想在设计中做到的。其实，这也是在无形中，赋予了这个建筑、空间一种人的特质。

**ID** 哪些建筑师、建筑作品对你的理念产生过影响？

**夏** 有两位身边的建筑师。我的师父俞挺在做设计的思维方式、落地节奏、管理模式、表达逻辑等许多方面对我产生了影响。我的合作伙伴李智则在生活、思想上无时无刻不潜移默化地影响着我做设计的价值观。而我觉得自己还小，虽然不断追求做出好的作品，但我始终认为个人理念的产生之路漫漫，还需要很长时间的修炼。

对我影响特别深刻的建筑作品很难描述，但是日本一位有建筑师背景的"泛设计"师佐藤大，他的许多产品、空间设计总是能打动我。他让我坚信，真正丰富而深刻的，永远都是那些散落在日常生活中"非日常"的东西。

**ID** 学校的训练对你的影响？

**夏** 现在回想起来，以前在学校工作室画图的场景仿佛仍在眼前。那时会因为一根线画歪了而废掉一张 A0 纸，不重新画的活，旁边的同学图面会比你漂亮更多；也会因为一张表现图达不到要求守在电脑旁边直到天明。东南大学建筑学院的教育和学风是严苛且严谨求实的。这种基本功的训练和培养影响的并不仅仅是我现在的作图态度，更重要的是，它会让我在设计上多质疑。

**ID** 回顾之前的作品，你觉得哪些作品在设计历程中具有一定的代表性，或是体现了你在那段时间的思考？

**夏** 这个问题太难回答了。首先我觉得自己的设计作品还没有那么多。我在设计的过程中，除了理念的部分，我一直希望自己在功能性和细节的精致度上不断锤炼自己。就像我跟你说的即将到来的日料店的设计。

我可以不举空间的例子，会唱歌的椅子（sing-a-song chair）是我 2015 年自己最满意的一个设计。除了我说的日常的惊喜，它的形式我个人觉得有趣之余也是美的。更重要的是，它让我意识到，我想追求的设计之路——设计不分大小，在某种意义上，我想做的各类设计都是相通的。

**ID** 你在设计过程中比较关注哪些方面？这些是否对项目最后的完成度有帮助？

**夏** 我现在的工作模式，会跟有经验的人配合后期施工，这是经过很长一段时间自己慢慢摸索和确定下来的模式。而这也是受我个人的思维摸索和性格所决定的。所以，我现在会不断质疑自己前期的想法——它是不是足够有趣；我会不断和合作的人讨论——落地是否能保证；还有项目时间的把控，我一定要对我的业主负责。我想这样再实践一段时间，更加能看出这种方法和模式对项目完成度的裨益。

**ID** 最近在忙的新项目或者研究？

**夏** 除了项目，我今年还做了两件事——InFormal 和"未日猫之所"计划。前者我觉得可以慢慢帮我打开互联网时代设计师有点固步自封的境遇，我和另外一位发起人一起，我们每月会邀请一些有趣的人做一些有意思的事。"未日猫之所"更是一个长期想做的事，通过为猫猫做设计，我想将设计一些本质的价值观和原则传播，告诉更多人，什么是设计。**END**

```
    2   3
I       4
```

I  会唱歌的椅子

**2-4**  尘器之下——we-work space: 古人造园，不在乎场地，可于市井也可于山林。院墙围合之内便是一方净土；造园亦不在乎功能，不论《园
冶》中所详述的种种条例或技法，造园首先是一项精神活动，是为自己的身体和灵魂创造一个可以栖居的差异的世界。于是，建筑师
决定在这个 50 ㎡的空间内造一个抽象的园，这里有光、有云、有院、有景。建筑师希望"邀请人们去参与一个假定世界的意识和经验"。

**1-3** 阡陌之间——Rosa M：位于在上海法租界的中心，两层空间，100多 m²，呈东西向窄长布局。委托人 M，年龄不大，但很有主见，"Rosa"是她脑海中对这个独属于她的空间最美好的想象：像蔷薇一样，浪漫，纯粹，最关键的，要够酷！设计希望以一个简单的方式能包容 M 复杂的欲望。

**4** 树下办公——we work space：室内空间和园林空间有相似之处：它们都是被边界完全围合的内向空间，在封闭的内部，隔绝于自然，不断提示着自然又区别于真正的自然。"景园"的设计包含了建筑师对一种差异化空间组织方式的粗略设想：在室内又区分出内外，以留白的方式介入。在内部重新建立空间的等级和秩序，以及可以呼吸的空白感。

**5** 城市碎片——we work space："碎片"是对空间状态的表述，区别于均质或贯通的连续空间，在这里建筑师关注的是"孤岛"式的独立场域和与之相对的功能使用。项目的功能是四个独立区域的联合办公空间，建筑师希望每个空间能拥有其独特的个性和使用方式。将单元块进行旋转，置入原先的大空间内。旋转后带来与正交体系的边角被定义为"留白"的花园，也是每个单元的柔性边界。城市碎片，探索的是在城市宏大的背景下，每一个小而美的空间所具有的独立与尊严。

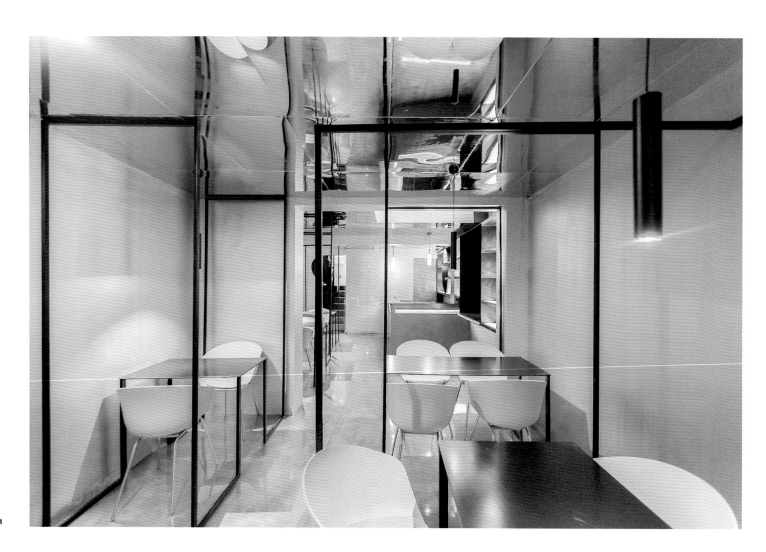

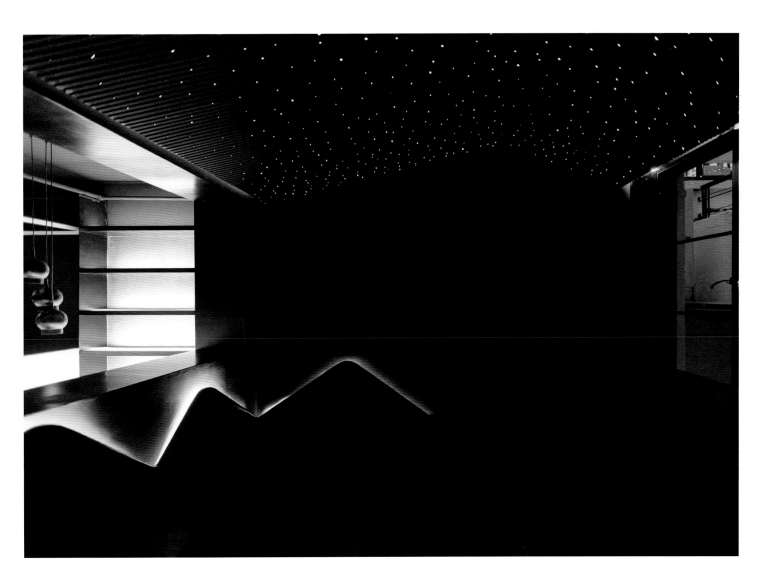

# 徐家汇观象台修缮工程
# REFURBISHMENT OF L'OBSERVATOIRE DE ZI-KAWEI, XUHUI, SHANGHAI

| 摄　　影 | 胡义杰 |
| --- | --- |
| 资料提供 | 致正建筑工作室 |

| 建设地点 | 上海徐汇蒲西路166号 |
| --- | --- |
| 建 筑 师 | 张斌+周蔚/致正建筑工作室 |
| 主持建筑师 | 张斌 |
| 项目建筑师 | 金燕琳 |
| 设计团队 | 刘昱、胡丽瑶、杨敏、李姿娜、张妍 |
| 历史顾问 | 卢永毅 |
| 合作设计 | 上海联创建筑设计有限公司都市再生设计研究院 |
| 合作单位主持建筑师 | 凌颖松 |
| 合作单位项目建筑师 | 应伊琼 |
| 合作单位设计团队 | 黄伟、张莉、陈翠梧、金嘉、张崇霞 |
| 建设单位 | 上海市气象局 |
| 施工单位 | 上海建筑装饰（集团）有限公司 |
| 设计时间 | 2013年10月~2014年9月 |
| 建造时间 | 2014年12月~2015年10月 |
| 占地面积 | 833m² |
| 建筑面积 | 2 986m² |
| 结构形式 | 砖木结构、局部混凝土框架和钢结构 |
| 建筑层数 | 地上三层、局部四层 |
| 主要用途 | 气象科普 |
| 主要用材 | 清水砖墙、陶瓦、涂料、木材及木地板、石膏板 |
| 工程造价 | 约2000万元人民币 |

上海徐家汇观象台位于徐家汇天主堂南侧，与天主堂隔草坪相望，西侧不远处就是徐光启墓。观象台于1873年初创于蒲汇塘河西岸，1880年于原址扩建，后于1900年在原址以西100m扩建新楼，保存至今。徐家汇观象台是法国天主教在中国实施的"江南科学计划中"的第一项天文事业，在创立至今的142年里见证了近现代中国及上海气象机构和气象服务发展的历史变迁，并与徐家汇圣依那爵天主堂（St. Ignatius Cathedral）、徐汇公学（St. Ignatius College）、大修院（Major Seminary）、藏书楼等一起作为承载上海教会发展史的物质载体，是追溯徐家汇发展历史的最重要的源头。

观象台原为砖木结构三层建筑，平面布置为北侧宽大走廊串联的对称五段式。北部中央由台阶进入的二层大门之上原有高40m的砖木钟楼兼测风塔，1908-1910年间由于地基承载问题拆除了高出主体部分的砖木测风塔，将其替换为高35m铁塔，后于1963年将铁塔拆除。灰砖和红砖相间的清水砖墙立面为三段式，全部窗樘为圆拱，外有硬木百叶窗。屋顶呈双坡，两端坡顶在靠近山墙处向内折角，形成独特的梯形山墙。观象台的建筑风格是早期仿古典建筑，是上海近代教会建筑的代表，特别是中央高耸的塔楼，既用来高空测风，又带有哥特遗风。观象台目前是上海市第四批优秀历史建筑（Heritage Architecture），市级文物保护单位。

观象台建成至今多有修葺，1997年最近的一次大修进行了大规模的结构加固和改造加建，对原有格局有较大影响，主要包括：拆除钟楼内主楼梯和大钟；将钟楼以西二层以上的大走廊（Gallery）封堵加建混凝土结构主楼梯，同时减小南侧房间进深加入较窄的中走廊，并将剩余大走廊空间全部隔为房间；大楼中段增设第四层的阁楼；二层楼面被抬高80cm以解决南侧平台泛水；原西侧

楼梯间在二层以上被封堵改造为混凝土楼板的卫生间；同时南立面东段增加混凝土结构逃生楼梯。房屋经过多次改造及加固后，主体结构已成为砖、木、钢、混凝土的混合结构。

2013年以来，随着"徐家汇源"地区的整体改造序幕的拉开，徐家汇观象台的修缮改造也提上了议事日程。我们经过全面详

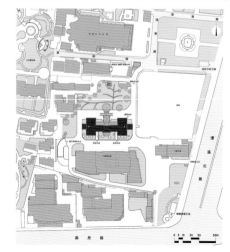

尽的历史研究后，决定将观象台于1930年代的历史风貌作为修缮恢复的目标，因为这一时期的历史风貌较为完整地体现了该建筑的综合历史价值，且与建筑的现状形体基本一致。本着真实性、可逆性和可识别性的原则，观象台的保护修缮工作主要在以下7个方面展开。

原有建筑立面风貌的保护和修复：修缮立面清水砖墙，以最低强度清除后期覆盖的涂料层；立面恢复北立面中部塔楼的清水砖墙，剥除后期大修覆盖其上的仿石水泥粉刷；恢复塔楼的大钟面；复原钟楼之上的铁塔；修缮外立面木门窗，恢复木质百叶窗；清除外立面上的消防楼梯及各种管线。

保留基于功能要求的历史改造痕迹：修整历年加建部分，基本保留历史改造部分，拆除严重影响建筑整体风貌的加建部分，比如北立面塔楼两侧的二层平台加建，以期与建筑整体风貌一致；维持在历年大修中加固、替换、增设的结构构件，比如在底层东西两侧的互动体验空间内，将不同年代、不同形式的木柱、砖柱和混凝土柱均露明展示于拆除了隔墙的完整大空间内，配合拆除吊顶之后的露明木格栅顶棚，以展现建筑的历史变迁。而三层东西两侧的大空间既将木屋架露明，也保留了屋架下方的工字钢梁加固格构。

使用功能调整：修缮后的观象台在原有观测业务办公和气象预报演播的基础上整合入更多的有关气象方面的科普展示、图书阅览、互动体验等空间。底层的中部保留气象观测功能，东西两端的办公辅助大空间兼作互动体验之用。整个二层统一设置为气象科普展示，东西两侧的大展厅间以画廊式的小展室相串联。三层东西两端的坡屋顶下大空间分别为互动演播室和图书阅览室，阅览室内有螺旋楼梯与二层展厅相通。四层屋顶下的夹层空间改造为中间以拱形门洞串联的天体教室。

空间格局恢复：东西两翼拆除隔墙，恢复大空间；在加建的混凝土楼梯无法拆除的情况下，恢复二、三层东段的大走廊，尽量恢复中轴对称的古典空间秩序，将观象台本身作为展示对象。

交通流线调整：拆除后加的室外消防梯后，在室内原木质楼梯无法在原址恢复的情况下，在东侧与原楼梯对称的位置增设一部钢木楼梯供疏散使用，并据此重新设计观展及办公流线。

室内历史风貌展现与当代氛围塑造的结合：观象台内部的朴素、简洁的历史风貌经多次改造后受到破坏，本次修缮在新的功能要求下对室内空间进行了重新塑造。所有室内木屋架及木格栅顶棚都最大限度地予以露明处理；二层展厅以剥除了粉刷的清水砖墙作为背景，结合新设计的展墙、展架等当代元素进行展示环境的重新塑造；钟楼入口门厅、大走廊等公共区域使用了和施工现场发现的马赛克铺地残片相类似的六角形马赛克铺地，并以简洁的白墙、挂镜线以及浅平穹顶凹形灯槽与之呼应，以当代手法回应了观象台的历史风貌。

建筑物理性能的恢复和建筑设备的提升：修缮底层的墙身防潮；更新屋面保温及防水性能；增设消防喷淋、消火栓及火灾报警系统；采用VRV空调及新风系统；给水排水及电气系统的更新。█

1.4 建筑夜景
2 总平面
3 钟楼外观

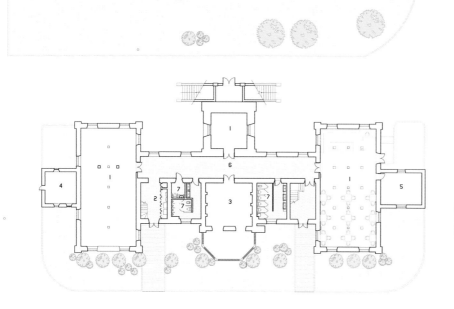

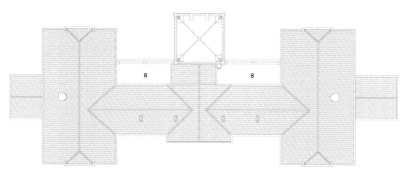

1　办公辅助空间
2　门厅
3　气象观测室
4　新风机房
5　辅助用房
6　走廊
7　男 / 女 / 无障碍卫生间
8　室外平台

1　一层平面
2　屋顶平面
3　互动体验室
4　楼梯

| 1 | 2 |
|   | 3 | 4 |

1　门厅
2　剖面图
3　走廊
4　天体教室

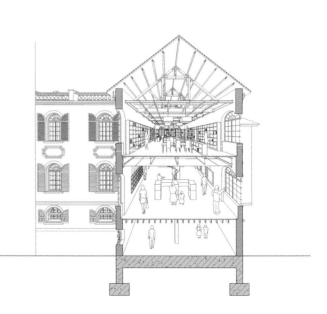

| 1 | 4 |
| 2 3 | 5 |

1　图书阅览室
2.5　气象科普展示间
3　剖透视
4　气象观测室

# 陈飞波：
# 试错是成长的
# 必经之路

| 采 访 | 朱笑黎、刘匪思 |
| 撰 文 | 朱笑黎 |
| 资料提供 | 陈飞波室内设计事务所 |

**ID** =《室内设计师》

**陈** = 陈飞波

陈飞波：

1979 年出生于浙江舟山，1998 年服装设计专业毕业后开始从事平面设计，2004 年创办陈飞波设计事务所，此后屡获国内外平面设计大奖，2009 年陈飞波把工作重心开始转移至室内设计，于 2010 年成立家具品牌触感空间 Touch feeling。

经过十余年在设计和艺术领域的探索，陈飞波通过创新资源整合模式，致力于搭建中国传统美学精神和现代设计语言交融的平台，并以其独特的设计感染力引领消费观念的提升。他认为，无论在何种文化语境和时代潮流的影响下，设计关怀的始终是人的需求。

速写男装旗舰店

**ID** 毕业之后，您最初从事的是平面设计，且在业界达到了一定的高度，为什么会想到转去做空间设计呢？

**陈** 我做了十多年平面设计，做得还不错。但我发现平面设计做久了，有时会觉得自己想表达的很多东西像是被平面这个载体限制住了。和二维的平面相比，我发觉建筑或是空间能展现出更强的力量，和日常生活的距离也更接近，所以那时候我就想转做空间了。

还有很重要的一点，对于建筑或者室内设计而言，一个人经验值的累积是很重要的，他的设计的价值会随经验的增长而增长；但对于平面设计来说，有些情况下，经验反而会变成一种"负累"，使人思维固化跟不上潮流。就我个人爱好、兴趣来说，我喜欢一头扎下去，好好地去钻研一件事，可能我从平面转做室内会是更适合我个人的一个选择。

六七年前，我也开始着手做一些家具设计。我们最初做家具的目的很简单，就是因为自己的空间项目里需要配一些家具，但市场上又找不到喜欢的，那就只能自己设计、自己制作。后来，慢慢地就越做越多，一直坚持到现在。事实上，我们还有一个自己的家具品牌，叫"触感空间"，没有特意宣传过。我曾经开玩笑说，我对这个品牌的目标就是坚持打造一个"不畅销"的品牌。我是这么觉得的，每次尝试都是新的开始，都得从头开始琢磨，不能太着急。其实，慢也没什么不好，我们就慢慢来，做出有特色又适合自己室内空间的家具作品，也算是不违初心。

**ID** 刚开始转做空间、家具设计时，有没有遇到过什么困难或是障碍？

**陈** 我刚开始转做空间的时候，和合作的工厂还没有现在这样的默契感，可能最终工厂做出来的成品和我想要的那种效果之间就还是会存在一些偏差。所以那时候我就不停地跑工厂，也不断地学习、试错，一遍遍来回地调整，然后把控住细节来提升最终的完成度。

那时候，我也有过一些迷茫，但慢慢地，一个一个项目完成得多了，心里那种踏实、笃定的感觉也就自然地有了。所以，我们就这样一直做到了现在，再回过头看，发觉也没有回头路了，当然，也不想回头走。

总的来说，我属于挺敢去做的，觉得就算做错了也不害臊。这个心态挺像小时候做手工的，没有太多压力或者负担，就是自己的事情，不会过于在意别人的眼光，想到就去尝试、去实践。

**ID** 在您的空间设计作品中，原木、黄铜和水磨石元素似乎很得您的青睐，这是出于怎样的考量？

**陈** 先说说水磨石这个材料，它不浮夸，是很接近自然状态或者本质的东西。当然，水磨石的性价比也很高。如果你留意我们做的项目，会发现我们单用水磨石就可以做出很多花样，拼法不同，最后形成的风格也就不

同。由此可见，这种材料的可塑性还是非常大的。

木头和金属也是这样，是最接近原始、也是最天然的材料，所以也就最恒久。我个人偏爱这几种材料和我的个性也有关系，我觉得它们和我的性情是最接近的。我们做的设计基本上也是这样的特性，追求的是一种本质、本源的状态。假若，贸贸然地让我们去做偏美式的、欧式的设计，我觉得也不合适。这并不是说，我们不认同那些，而是每个人的时间、精力都是有限的，不妨还是去研究自己感兴趣、喜欢的东西会比较好。同样的道理，我们做的家具也会偏这样的风格，所以或许有些人会有些疑问，猜想我们是不是只会做这样的东西。但其实，我们就是在坚持研究自己的喜好罢了。

**ID** 能否请您再详细说说，您是怎么运用相似的材质为每一个项目打造出它特有的个性的？

**陈** 就像我前面说到的水磨石，现在我们在做水磨石方面已经比较成熟了，研究出了很多种做法，所以能展现这种材料不同的肌理。

我会在我能控制的范围内，去慢慢地做一些变化。或许几年之后，你可能会觉得我们的作品看上去完全不一样了，但你们细心去观察体会，还是会发现我们的作品中一以贯之的那条精神脉络。

在家具设计方面，近期我也尝试加入了一些原来没有尝试过的元素。就比如我们有一款像是化石一样的茶几，用镜面不锈钢做成茶几的台面，很有现代感，在复古之余又显出了时髦感，是有多样性的。还有我们近期完成的一些空间，也和我们原来的作品有很大的差别。地心餐厅酒吧就是这样，整体的风格是偏复古，同时还带有一些装饰效果。在地心的墙面上，我们还用水泥材质模拟月球表面做成一款壁灯。地心的灯光设计也很不同，壁灯是定制的，营造出一丝隐约的、朦胧的夜店的感觉。还有一处空间，名字叫食课，主打的是蒸菜、包子面点之类的传统吃食，在这个项目里我们就用了很多竹子的元素。所以，它整体的感觉就是很简约，更契合人们日常的生活方式。我们在这个餐厅里，也特地定制设计了一款琉璃灯，材质上

主要是琉璃和铜的结合，使得餐厅更加大气。

所以，其实每个品牌、每个项目都会有它自己最合适的样子，而我们就是负责把它具象化的形态以及感知上的神韵打造出来。

**ID** 从之前的平面设计到现在室内、家具设计，您在不同的设计领域都有过很精彩的尝试与探索，那就您看来，您觉得设计会有所谓的规则可循吗？

**陈** 设计的规则是很难说的。每个人都可以制定规则，当你有话语权的时候，你就可以制定规则。在室内设计这块，我们并不是科班出身，但我觉得设计师不该被限制在科班内，那样就太刻板了。其实，在哪里学习都一样，在大学里学习有它的益处，但在实践中学习也很重要。

**ID** 那么在实践中，您有没有关于设计的信条或是方法？

**陈** 首先，做设计多去感受是很重要的。酒店项目是我们近来比较感兴趣的点，所以上海很多酒店我都去住、去体验过。但光是体验、感受肯定是不够的。我打个比方，如果看遍全世界的东西，就能做出最好的设计，

1 ABC Collection

**2-4** UTT 国际家居集合店

1 | 2

**1.2** 地心餐厅酒吧

那么，环游过世界的人就一定能成为最好的设计师吗？也不见得吧。所以说，还是要不停地试错，试错是成功必须要经过的一步。我一直觉得，这是最好的也是唯一的一条路。你不去做，你光是说，什么意义都没有。

我更多的是在寻找内心思考的东西，不断思考，然后把问题想清楚。而且，我还是希望能够去研究中国人的生活方式。但这个生活方式并不是说一定要借由中式家具来表现。就好像现在大家喝酒、喝茶都会在一个桌子上面，那么，这其实就是当下中国人的生活方式。人都是在变化的，所以，人们的客厅、餐厅也都会变化。一直以来，我会根据自己的观察来做设计。我也很喜欢关注不同年代生人的审美和生活习惯，就像是现在"90后"的年轻人，他们的审美和生活方式就和之前一代人完全不一样，这是非常有意思的！而这里面暗含的道理也很明确，做设计肯定不等同于对设计做"搬运"工作，要有所针对，并通过观察、思考寻找并创造出

合适的设计。

其实，设计师有很多种。通俗地说，有些设计师他们就做几样固定的东西，你觉得那些是你喜欢的，那你就去买他的设计；而另一种设计师正好是相反的，他能够做许多类型，但可能做得都不是最好的。那我就是属于第一种类型的，我宁愿只卖一样东西，但这一样东西别人很难做得到。这点说回来，还是和我的喜好、性格有关系，我觉得专注钻研一件事会更开心一点，也更能有话语权。

**ID** 近来，乡土营造之风盛行，其中民宿设计也是不少人的关注点。那么，之后一段时间内您也会把重心放到民宿项目的设计上吗？

**陈** 我们未来一个重要的方向就是做酒店设计。民宿的话，我觉得是酒店的一种形式。现阶段，我们确实有些民宿或者类似民宿的酒店项目正在进程中。比如，我们正在做的一个精品酒店，在龙井附近，环境特别好，如果要归类的话，它应该算是城市酒店和度假酒店之间的一种。在安吉也有个小小的民

宿在做。还有无锡，我们也在做一个酒店，大约五十间客房的规模。再有就是已经建成的桐庐青龙坞，还有莫干山这边新近完成的山水谈乡野度假酒店。

我挺喜欢以自己的方式来做一家酒店的感觉。有的时候，人的喜好和观念会变成一种习惯，而这些习惯也会变成我们去理解空间的一些方式。这是没办法数据化的，但你开始了解这些规律之后，就会知道自己的设计其实能有更多的可能性。就像做这个山水谈的大厅时候，我首先会去设计一个场景，之后就可以进一步去设计大厅里的各种座位。我最终定下来的座位有五种形态，也是根据这么一个场景来构造的。试想，有些来民宿的是一个人，可能来民宿就是发发呆的，当然还会有两个人的，或者朋友一大堆的，甚至还有一些是带商务功能的。以满足各种群体人的需求为基础，然后设计场景，之后再去设计适合这个场景的家具。这样一个流程下来，空间内就会有很多细节专门是

为这个空间打造的。

**ID** 在由"增量"转向"存量"发展的大背景下，"大拆大建"的浪潮已过，最近业界亦有人戏称说"寒冬"将至，您是怎样看待这样一个形势的？

**陈** 我倒是觉得最好的时代开始了，因为现在大家开始不喜欢千篇一律了，不喜欢同质化的东西了。我觉得我们面对"80后"、"90后"这些消费群体时，我们的设计优势是很明显的，他们会更容易接受新的事物。当然了，年纪大的人群现在也喜欢新颖的东西。事实上，在这两年，我们所坚持的这样一种风格也渐渐地变成了一种潮流，这么多年过去，国内流行的设计风格又回归到了不浮夸、最原始且接近本质的状态。这种趋势，在我看来是有其必然性的，在国外也是这样。

而我对我们未来的定位是先到达一个高度之后，再打开一个宽度。换句话说，就是得把一个点琢磨透了，做得足够好了，再去拓展别的方向。要不然就很容易变成自以为什么都擅长，但其实什么都不擅长。

所以，我反而觉得现在的状态是比较好的，我能看到自己在成长。很多事情都是需要时间的，具体到营业额这个层面也是一样的道理。你必须在证明自己且产生市场效应之后，它才会有变化，或者说，才能被"对的人"找到。所以，我们是不太着急的。大家都慢下来，都不那么着急，这样一个环境才是正常的。因为万事万物都要经历这样一个过程，就好像是蝴蝶，从幼虫变成蛹，而后才能破茧化蝶而出，这都是自然的，都是极正常的。**END**

1-4 食课餐厅

# 山水谈
## TUNE HOTEL

| | |
|---|---|
| 资料提供 | 陈飞波室内设计事务所 |
| 地　　点 | 湖州市德清县武康镇西岑坞李家 |
| 设　　计 | 陈飞波室内设计事务所 |
| 设计时间 | 2014年4月 |
| 竣工时间 | 2016年2月 |

1　客厅一隅

2　外立面夜景

莫干山所属的德清地区历史悠久，翠竹满坡，气候凉爽宜人，素有"清凉世界"之称。"山水谈"正位于山明水秀的莫干山脚下，毗邻对河口水库的西岑坞。这里，乡村民风淳朴，周边拥有自民国以来就集聚大上海、苏杭和南京等文人雅客的休闲度假场所。设计师在此对原有的民居建筑进行了改造、重建、围合，让普通的乡村民居转变成为独具美感且充分满足视觉需求的小型民宿酒店，更是一个可以进行艺术文化交流的空间。

在前往山水谈的路上会途经一片湖泊，之后，视野便逐渐开阔起来。山间的凉风穿过天光云影，拨动着湖水，粼粼波光影影绰绰。再穿过两旁挺拔高耸的水杉，金黄的落叶铺满林荫小道，层层叠叠的落叶夹着远处枫树带的一点红、一抹绿，大概最好的印象派画家也难以描摹这般婆娑变化的山中颜色。行走片刻，在一片竹林翠蔼的掩映间，山水谈便近在眼前了。

山水谈民宿共有两幢主楼，其中设有14个客房，还有公共客厅、餐厅、开放式厨房及游泳池各一。设计师遵循"适度设计"的理念，将现代酒店的舒适体验与自然乡土的质朴氛围进行了有机结合。独立的两栋建筑是在原来农房基础上做的改建，如此便能够根据现代的居住需求重新分区布局，使其在隔音、保暖、采光、动线等方面满足更高的合理性。每栋楼各设7间客房，却都做了4个入口，有的是三个房间一个入口，有的

是两个房间一个入口，有的则是一个房间设有自己的独立入口。如此一来，或单人前往，或集体成行，或举家出游，都相对有了独享的空间，非常人性化。

为能与环境更好地融合，山水谈的外观沿用了本土民居的风格。而在室外景观的营造中，设计师亦大量采用具有印记和生命的材料，如陈木、旧石板、老砖块等，让人不禁感到好似回到了小时候。暮色四合，炊烟袅袅，耳畔依稀是亲人归家的呼唤。

傍晚时分，可以光着脚走在屋后的山泉水池边，让脚底亲密接触清凉斑驳的老石板，招手即可留下一缕穿庭而过的山风，风里和着青草的香。而小楼与庭院之间恰到好处的节奏和空间序列将视觉向无限的远处延伸。于是便看到山水就在这庭院之间，坐石观竹间自有清风徐徐而来。

若得遇雨天，也别有一番趣致。雨后的陈木道上，一朵朵精致的小蘑菇就藏在缝里，而旧石板和老青砖上绿出水来的青苔则安静地沉浸在自己的世界里……

将视线转向山水谈内部，其室内景观保留了质朴怀旧的风格，并在营造中参考江南园林的取景法则，引美景入室来。

进入客厅，质朴而厚重的风格装饰着每一个角落，历史的醇厚朴素和现代的精致简约就像是融了黄糖的咖啡，晕散出温馨的香气。一个质朴的壁炉首先映入眼帘，若是初冬的寒夜里和三五好友围炉夜谈，再来上一

首独特的唱腔，怕是比饮下一杯好酒还要温暖肚肠。

天色将暗，斜阳下的炊烟带人们进入有乡野儿时记忆的大餐厅，山里拾来的柴火在土灶肚里噼啪作响，滋滋冒着热气的铁锅里飘出特有的锅巴香。能容纳三五十人同时就餐的空间，让人能体验到村里阿姨烧的家常味。有时更会遇到一些惊喜，来自不同地域的民宿主人也会根据自己的家乡味和生活体验混搭出特别的菜品。而客厅旁的开放式厨房还为客人提供了自由发挥的场地，这里厨房工具一应俱全、装备精良，还有一些从欧美淘来的二手餐具，满足细节控的小小追求。别致独立的小空间可以让时间慢下来，安静享受做一顿餐的愉悦感，为爱的人精心准备不在家的家宴。

山水谈客房内部的配置更是现代完善，且在细节的打造上也蕴含着巧思和故事。家具物品的原创设计契合了质朴怀旧氛围的需要，而设计师对现代家居设计元素的巧妙运用，更使得置身其间的人体验到了古朴与现代完美交融的新奇感受。室内各处选用的器物亦是匠心独具，就如艺术家信手捏来的白璧陶瓷透出温润的暖色调，亦如木头自然生长的纹理里隐隐飘出大自然特有的芬芳，还有印尼收过来的老木托盘组合金属支架变身为茶几、传统手艺人锻造的铜盆和澳大利亚天然农场萃取出的纯植物沐浴露所散发的悠悠清香…… **END**

1　可容纳三五十人的大餐厅

2　带有大落地窗的客房

3.4　透出温馨质朴氛围的客厅休息区

```
   2
 1 ─
   3
```

1　从公共休息区看向半私享休息区

2　从客厅大沙发看向茶桌及吧台

3　客房内的原创家具及其他精心挑选的器具

# 五原路工作室
## WUYUAN RD. STUDIO

| 撰　文 | 立春 |
|---|---|
| 摄　影 | EIICHI KANO, Herman Mao |
| 资料提供 | 刘宇扬建筑事务所 |

| 地　点 | 上海市徐汇区五原路 |
|---|---|
| 设　计 | 刘宇扬建筑事务所 |
| 面　积 | 400m² |
| 设计时间 | 2014年 |
| 竣工时间 | 2015年 |

```
I   4
2
3   5
```

1　入口改造后

2　模型

3　一层厨房改造后

4　平面图

5　一层空间

　　刘宇扬建筑事务所位于上海五原路的弄堂深处。这里原先是栋非典型的两层楼房子，用作社区健康中心，房龄仅有十几年。原设计整体带有一点现代主义风格的造型特征，立面贴满米黄色瓷砖。在法租界一栋栋砖石结构的欧式花园老洋房中显得十分突兀。

　　在整个改建过程中，自由感是建筑师最为追求的。刘宇扬说："在我们改造的过程中，把那些没有必要的墙、洞和门都打通了，作为事务所，它应该是半开放性的，一个工作室就像一个小社会。你必须要和周围的人协调共处；对于那些最根本的光和视线要尽量保留。人在一个空间里，一来需要安全感，二来需要光线。"

　　工作室的改建设计，在保留原有房子的结构基础上，一层南侧加建阳光房，最大化加强室内与室外自然的视觉联系。在忙碌的工作间隙，偶然间的回眸一瞥，感知秋叶退黄、春草渗绿的时光变迁。

　　二楼的天窗切斜角，将阳光温柔地引入室内。在改建细节上，地板采用传统灰色水磨石做法，配以白色涂料与木色门、窗框，让室内空间更加简洁明亮。而建筑材质质感的强调更暗示着建筑师对工作的细腻敏感与精益求精。值得一提的是，二楼的图书室非常特别，设计师使用大尺寸的固定窗框，将屋外的树景勾勒进了一块玻璃做的背景墙。这样，窗外典雅的风景就像背景画一样进入了设计师自己的空间，而原本室内空间的视线也更加开阔。 [END]

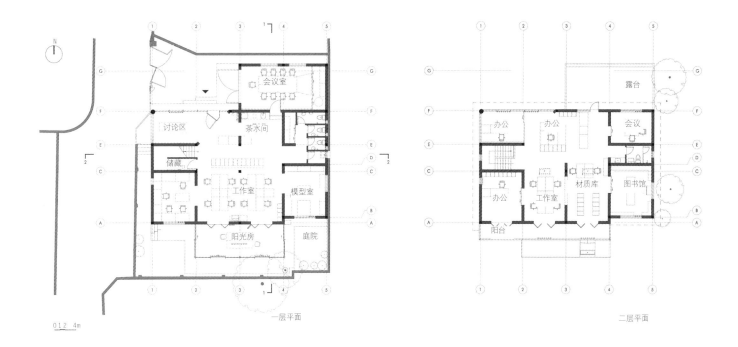

N

会议室

讨论区

茶水间

储藏

工作室

模型室

阳光房

庭院

0 1 2  4m

一层平面

露台

办公    办公    会议

办公    工作室    材质库    图书馆

阳台

二层平面

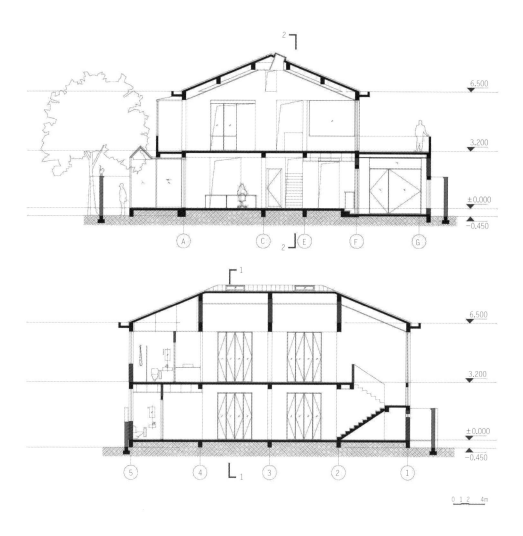

1　阳光房
2　剖面图
3.4　二层空间

# HEIKE 服装品牌概念店
# BLACK SHELL HEIKE CLOTHING
# BRAND CONCEPT STORE

摄　　影　　刘宇杰、王建周
资料提供　　杭州啊嗯室内设计有限公司&黑服装设计工作室

设　　计　　翁善伟、袁佳叠
设计公司　　杭州啊嗯室内设计有限公司
业　　主　　老黑服装设计工作室
材　　料　　清水混泥土
地　　址　　杭州滨江区滨盛路4309号
面　　积　　200m²左右
竣工时间　　2015年10月

<table>
<tr><td>1</td><td rowspan="2">3</td></tr>
<tr><td>2</td></tr>
</table>

1　斜面与空间的关系

2　细节

3　墙面装置

设定由若干独立体合作促成，扩充，移动，摩擦达成静电吸附条件；继续运动拉伸、挪移、排列、频次、建立倾斜的宽面的接驳端口；持续搅拌发酵，撩拨、灌浆、按摩、粘接；再继续连接其他个体，交叉感染，组合、揉搓；再持续转化、壳化、釉化、生成新的修辞截面，构成黑色斜面系统。

这个项目是独立设计师"老黑"的品牌——黑壳的唯一店铺，空间还承担着艺术、设计展览空间的角色。项目位于杭州一个家具店的二楼位置，是店中店的格局，必须通过家具店中间位置的一条狭长的楼梯，才能到达黑壳。楼梯在1/3处将黑壳HEIKE空间划开，空间呈回字形。

独立设计师品牌——黑壳HEIKE，以服装展示售卖、定制为基础形态，集合静态展览、动态展示等形态，是综合的不确定的空间平台（艺术、设计及音乐），对独立设计师店铺其他可能性的探索，也是服装设计师"老黑"自身新行为的个体实验。以不确定的一切为基础，如何生产关于老黑行为总体感受的空间，成为这个项目的设计课题。

### 关于体验的图像

黑色的巨大斜面，及其斜面上流动的图像灵感来源于纪录片《诺曼底登陆》，图像在斜面上显出静静的河水般波动的光影。项目强化服装概念店铺的体验感，增强了观众及消费者的带入感。架空的黑色斜面体块与储藏室、试衣间以及楼梯通道、扶手等功能叠加咬合。

大型柱体架空的黑色斜面体块，占总面积50%左右，利用大理石粉，让斜面在灯光下产生如大理石般的光泽；叠加了储藏室、试衣间，小设计作品展示区、楼梯通道、扶手等功能性空间和物体，各种功能的互相咬合，隐含在黑色斜面内，扮演着空间中景观的角色。

### 手工性的工业感与未来感

手工打磨的不锈钢扇形扶手，最宽处有1m，是由外而内、由粗变细的锐角三角形体块；焊接的锈铁、打磨的不锈钢，手工制作痕迹的直接暴露，略显手工性的工业感；不锈钢道具、打磨的金属色泽及几何的凹凸形态让架空的形体充满未来感。

单独为项目设计的铝制吊灯，垂挂的抛物线体块的群体衣服货架，三角体块平行于墙面的单体衣架，店内的两面大镜子，让客人试衣通过反射进入这个巨大的系统内。

项目空间具有被楼梯通道分割成两个空间的趋势，习惯上，垂直隔墙的方式更容易形成。而我们的设计就是尝试对这样的习惯进行偏移、或者倾斜。

从楼梯通道着手，通过一个过分倾斜的黑色体块，对原有的空间的划分线进行加粗，加粗的划分就是连接；于是，就形成一个更加明显的划分，悖论着替代了习惯性的垂直建墙的分割方式；同时也连接了被楼梯通道分割的两个空间。而倾斜体块的内部却按照功能被隔开，泾渭分明，达成让人们在一个空间里活动的初衷。

我们设定这样的黑色体块为——黑色斜面系统。[END]

1-4 斜面体系的各角度呈现

```
 1
 2  3    4
```

**1.2.4** 黑色体块的运用

**3**　展陈方式

# 大研安缦
## AMANDAYAN LIJIANG

| 撰　文 | My |
| 摄　影 | My |
| 资料提供 | 大研安缦 |

| 地　点 | 云南省丽江狮山路29号 |
| 设　计 | jaya Ibrahim |
| 竣工时间 | 2015年 |

忘掉丽江古城里的那些"艳遇"吧，那是丽江有点疲软了的过往，如今的丽江已经成长为奢华酒店的投资天堂。这些度假酒店开始对丽江进行新一轮挖掘开发，力图在一片既有的常规行程中走出自己的路。

狮子山是个可以俯瞰古城的至高点，环视丽江，目之所及皆是壮丽山峦，而这个位置则让大研安缦多少带有点"唯我独尊"的气势。不过，安缦（Aman）绝对有这个资本，早些年，便已培育出了一拨"安缦痴"（Aman Junkies），这批忠诚的支持者旅行的原因就在于——哪里有安缦，他们就去哪里。

大研安缦之名则源自梵文"平和"的音译和丽江古名"大研"，外立面与古城大多奢华酒店一般，有着几近统一的面貌，无功也无过，低调的外表融于自然。但由 Jaya Ibrahim 操刀的室内设计却令人惊艳，设计师以独到的眼光将东西方文化结合起来，创造出了独到的古典优雅，成就了一曲专属大研安缦的"阴翳礼赞"。

Jaya 一生佳作无数，他倡导依据周围环境顺势而为。在中国的众多项目，如颐和安缦、法云安缦、富春山居、璞丽酒店，这些代表作品成为无数中国设计师读懂东西方设计融汇贯通的范本，甚至开创了一种全新的风格，被大家竞相模仿和研讨，因而在国内设计圈备受推崇。而大研安缦则是个能代表 Jaya 风格的，留在中国的遗作之一。

与其他安缦一样，大研安缦依然秉承着因地制宜的理念，采用传统纳西建筑的经典元素，和谐融入丽江古城之中。Jaya 擅长将古代的魅力带到现代文明中，他在创意初期，总是会仔细研究当地文化与建筑特色，为客户创造出一踏足，就能发出"我在异地"的惊叹的酒店。

丽江干燥，木材会自然开裂，但只要不生虫，建筑就是牢靠的。丽江人相信，"要不会生虫，就要有人住"，而酒店无疑是非常适合的载体。Jaya 敏锐地抓住了这个点，将大研安缦的内部定为木结构。他选用了一些自然色的色调，没有制造太大的空间冲突，而是将室内能很好地融汇于建筑主体。全木结构的设计也许并不符合西方人那种明朗耀眼的审美，但却有着东方

人所喜爱的那丝忽明忽暗的光线，淡淡的轻尘的气息，这种存在于波纹与阴暗之中的阴翳之美成为其基调。在木结构的窗外，有着绿叶芬芳、清苦幽香的树荫，心静时，在薄暗中，一边可以欣赏到那微微透明的纸窗的反射光线，一边可以耽于冥想，又可眺望窗外庭园景色，这种悠悠情趣，难以言喻。

客房里装饰材料与织品均来自云南地区，其中包括香格里拉的云南松木，精巧细致的纳西刺绣，和刻有花卉禽鸟的东巴木雕。东巴是指纳西智者，对他们而言，人与自然的和谐共处至关重要。而石质地板则是向度假村周围的山峰致敬。此外，大研安缦的家具由东北地区的榆树制成，优美典雅、线条简洁，极具现代感又不乏中国元素。

值得一提的是，建于 1725 年的文昌宫就在大研安缦内。安缦对这栋历史建筑的精心呵护，使得昔日的科举考场得以完美保存。如今，文昌宫所在的院落仍然保留着百年古树及华美雕刻，并饰有彩色绘画作品。■

| 1 2 3 | 4 |

I-3　中餐厅

4　泳池

# 花间堂杭州酒店
# BLOSSOM HILL HOTELS & RESORTS HANGZHOU

| | |
|---|---|
| 摄　　影 | 申强 |
| 资料提供 | 纳索建筑设计事务所 |

| | |
|---|---|
| 地　　点 | 杭州 |
| 主持建筑师 | 方钦正 |
| 设计团队 | 王智君，王笑笑，魏婕，宝亚芹 |
| 面　　积 | 7 200m² |
| 竣工时间 | 2014年 |

1 酒店大堂
2 入口

花间堂杭州酒店的选址位于原生态景区西溪湿地内，距离西湖5km，是罕见的城中次生湿地。在这里没有太多的历史文化遗迹，我们必须为"人文客栈—花间堂"寻觅新的亮点。

在西溪有着未经雕琢，野味十足且独特的湿地风貌。这是一幅随性的山水画卷。作为一个"人文客栈"，向顾客销售的是不同地域及文化环境的别样生活体验。我们的任务不仅仅是提供风景画卷供住客欣赏，而是将他们也勾勒在画中。融入在景色中的人，置身于画中。

这个项目中，对于"野"的尺度拿捏非常的重要。过多的修饰会抹杀这片原生态湿地，而全然不动又无法保证舒适的居住环境。只有在一个惬意、舒适的环境下才会有欣赏野味的心情。

在建筑的形式上，我们尽量低调处理。景观与建筑的关系是"湿地里的屋子"，而不是"与建筑配套的湿地"。我们没有建造一栋巨大的高楼，取而代之的是将一至二层

的小房子规划成5片分布在园区内。接待、餐厅、客房、spa、别墅，各自散落，但又有栈道连接。整个酒店更像是一个湿地中的小村落。灰白色的涂料、风干的松木、纤细的铁扶手、简单的斜屋顶以及通透的大玻璃几乎已经是建筑外观上所有的元素了。去除了不必要的修饰，朴实的小屋自然地融入了湿地的大环境。

不仅仅是建筑，为了让住客也能充分地融入湿地，零距离地体验自然的趣味，我们尽可能采用开放式的设计格局。不论是建筑外还是建筑内，几乎所有的走道连廊都是开放的；整洁的栈道、精心规划的动线被安置在杂乱野生的植被中，住客在任何路途中都将置身于湿地的大自然内。

在大面积地保留了湿地原始地貌与植被的同时，我们点缀了一些别样的小趣味，户外的书屋，儿童树屋，湖边的无边际泳池都为住客提供了在户外休憩、赏景的据点。在野趣盎然的环境中也有精致舒适的小天地。

当然在室内，我们一样希望客人能感

受自然，不能让房间隔离了"野趣"。无论是客房、接待、餐厅还是会议空间、影音室，我们都采用室内外通透的设计，以便室外的绿意能最大限度地传递到房间内，让住客能在舒服的温室内十分惬意地欣赏野趣。

我们利用坡顶小屋的建筑格局，创造了将近十余种房型的客房。形式多样，有平层、错层、跃层，还有两层的8人通铺。为了保证客房的空间能有最大化的通透，我们在所有的房型内设置大面积的立隔墙分割空间，即使是卫浴设备我们也采用家具方式将其独立地放置在房间内，然后以通透的玻璃稍加以阻隔。

除了室外的野趣，我们在室内家具的设计上为住客提供了自主发挥的可能性。住客可以根据自己的理解和创造力随意搭配，发挥其独特的功能，从而布置出一个属于自己的房间。

将原先杂乱的野地规划成能使人尽情享受其趣味的宝地，需要经过一番精心的梳理才能创造出"精致的野趣"。🔲

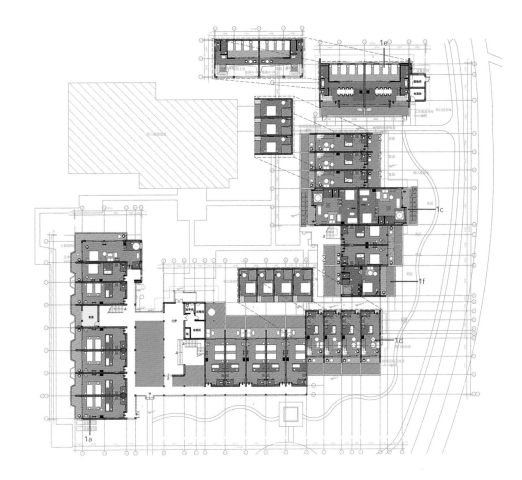

# 绿色条形码——五原服务式公寓
# GREEN CODE-SERVICED APARTMENT ON WUYUAN RD

| 撰　文 | Pietro Peryon |
| 翻　译 | 王欣 |
| 摄　影 | 夏宇 |

| 建筑设计 | KOKAISTUDIOS |
| 室内设计 | KOKAISTUDIOS |
| 主建筑师 | Andrea Destefanis, Filippo Gabbiani |
| 设计经理 | Pietro Peryon |
| 设计团队 | 刘畅, 余立鼎, Anna -Maria Austerweil, 施纪柯, Elisabetta Moranduzzo |
| 室内面积 | 800m² |
| 外 立 面 | 900m² |
| 景观设计 | 580m² |
| 灯光设计 | KOKAISTUDIOS |
| 开始时间 | 2014年11月 |
| 竣工时间 | 2015年9日 |

1 入口
2 从对街看外景
3 剖面图

该项目旨在将位于上海原法租界的两栋住宅楼改造为服务式公寓。设计范围包括在城市更新和城市绿化的大背景下进行建筑、景观和室内设计，将原建筑改造成高端小户型公寓。

上海的多层住宅最早是在 1970 年代末期改革开放的大潮下涌现出来的。但它们的出现逐渐改变了原有的由里弄构成的城市肌理。在城市密度加剧的早期阶段，这种类型的住宅迅速成为主导类型。它的出现引发了始于 1980 年代的城市"垂直爆炸"现象。但由于常常既缺乏里弄优雅的装饰细节又不具备高层建筑的体量，这些多层住宅逐渐成为散落在上海老街区肌理中不起眼的角落。

将这两栋位于原上海法租界中心的多层住宅改造成高端服务式公寓的工作给予我们重新思考和在城市更新这个更广阔的背景下重新构建该类型建筑的机会。

在外立面改造的过程中，除了赋予原有的马赛克装饰和脚线等新的生命，我们设计了一种可以增加在外立面之上的模块化的新立面系统。它覆盖于两栋建筑的外立面和屋顶，并无缝串联其公共空间，使得建筑和户外空间拥有统一和谐的语言。

此外，立面系统绝不仅仅只是形式上的装饰，而具备多种实际功能，它能为庭院和屋顶露台遮阳。其中庭院又为社区环境提供了绿化，而屋顶露台则为公寓租户提供了较为私密的休闲空间。原先暴露的外立面的空调如今巧妙地隐藏在布满木饰的露台空间。此外，它还加入了支持照明设计，整栋建筑在夜间熠熠生辉，装点了城市。

由天然木材和螺纹钢筋的构成的新外立面系统同时符合客户和我们共有的对自然、有机和简明风格的追求。随着项目的推进和投入使用，种植于露台和庭院的绿色植被将逐渐缠绕于木条之上。这也是我们将其称为"绿色条形码"的初衷。这种可行性强而经济实用的手法很适合在当代城市中心区域推广。

在室内设计上，天然木材和原钢仍然是主旋律。无论是客房、公共空间、走廊还是楼梯均遵循了统一和谐的设计语言。室内设计本身还是一个很好的在有限空间内实现高端设计的例子。公寓有 3 种房型，虽然均仅为 40m² 左右，但其配备了中长期居住使用的各类生活设施。此外，租户还可共用商务中心、会议室、配置单独茶水间的娱乐室和 200m² 带厨房和烧烤设施的露台。 [/end]

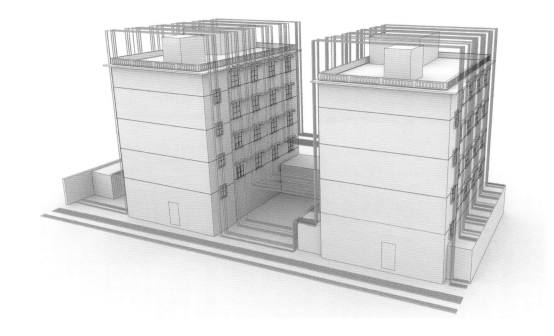

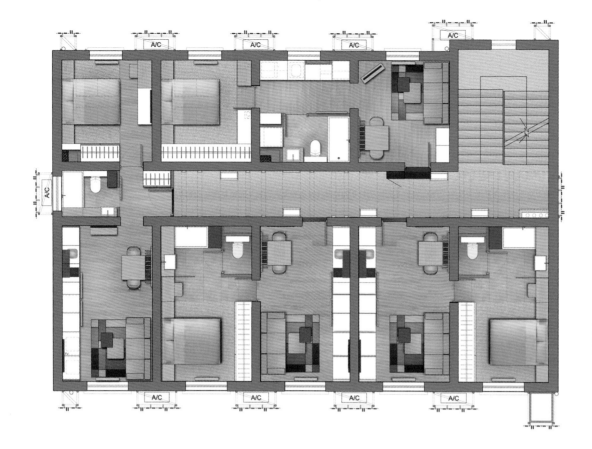

| 1 | | 3 |
|---|---|---|
| 2 | | |

1　平面图

2　起居室兼餐厅

3　屋顶夜景

# 首尔迪奥旗舰店
## DIOR FLAGSHIP SEOUL

| 译 写 | 小树梨 |
| 资料提供 | Christian de Portzamparc |

| 地 点 | 韩国首尔江南区 |
| 建筑师 | Christian de Portzamparc |
| 结构工程 | CS Structural Engineering |
| 主承建方 | KolonGlobalCorporation |
| 面 积 | 4 408.57m² |
| 竣工时间 | 2015年6月 |

1　从街角看向旗舰店入口

2　俯瞰图

3　设计草图

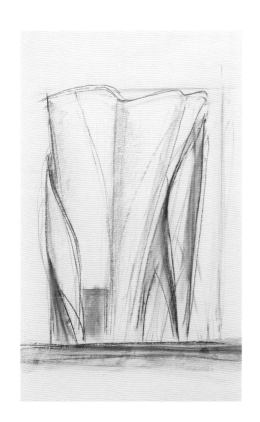

在首尔极具优雅风情的江南清潭洞地区，Christian Dior 新开了一家精品店。为该店进行建筑设计的是普利茨克奖得主——克里斯蒂安·德·鲍赞巴克，而担任内部设计的则是国际知名建筑师 Peter Marino。

鲍赞巴克想打造一栋具有雕塑感且又不乏灵动性的建筑，并试图以此来重新定义周遭的景观。行人入目即可见白色立面上大量的褶皱，这让人联想到迪奥高级时装专用的布料、图案以及礼服裙摆翩翩的美态。12 支高耸的、由树脂及玻璃纤维制成的板，被做成船帆的形状，傲然矗立在清潭洞的街角，再配以迪奥经典的藤格纹图案为饰，更添意蕴。而这正如鲍赞巴克自述中所提及的："我想要打造一栋建筑，它能够代表迪奥，同时也能反映迪奥的作品。所以我想到了更具流动感的外立面，会让人想到这个品牌设计师钟爱的轻柔纯白的棉布料。"

在这家 6 层楼高的精品店里，囊括了迪奥品牌的全系商品，如配饰、珠宝、手表、女装、鞋履以及男装，此外还设有一间 VIP 包厢、画廊以及由 Pierre Hermé 经营的咖啡馆。商店入口就掩映在挺立着的白色帆状板之间，入口内摆放着的两张由树枝、树叶编织而成的长椅，造型别致。这长椅是法国女雕塑家 Claude Lalanne 的作品，亦为精品店增光不少。而长椅之上则悬挂着亚洲著名女艺术家 Lee Bul 的装置作品。在功能分布上，底层至三层主要作为购物空间；VIP 包厢及画廊则被安置在四楼；再往上至屋顶便是精品咖啡馆，为顾客在消费后提供了一处完美的休憩之处。

从概念到设计，从模型试验到成品，从大气的造型到细节处的专注，这家独具匠心且环球领先的精品店表现出的是迪奥这个高端品牌的从诞生之初即有的恒久不退的优雅气质，以及不断丰富着品牌内涵的摩登气息和创新精神。 END

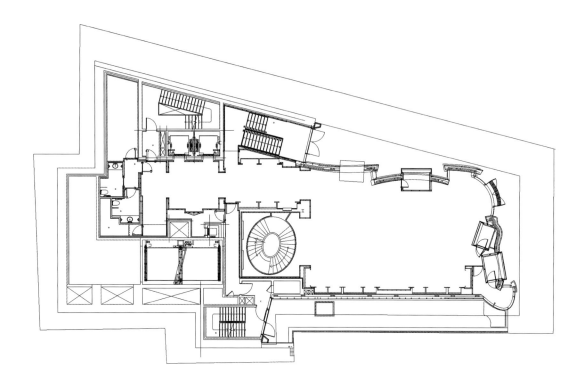

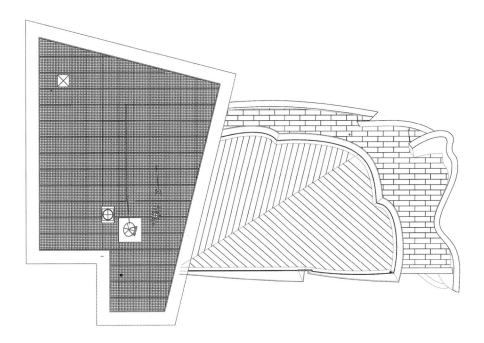

1　一层平面
2　位于旗舰店顶层的咖啡馆
3　屋顶平面

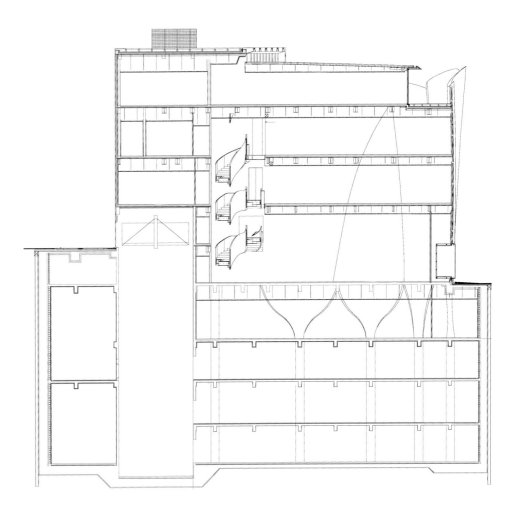

# 乌得勒支乡村小屋
## COMPACT COZY RECREATION HOUSE

撰　文　｜　festa
摄　影　｜　Roel van Norel、Stijn Poelstra
资料提供　｜　ZECC建筑工作室

地　点　｜　荷兰乌得勒支
建筑设计　｜　ZECC建筑工作室
室内设计　｜　Roel van Norel
业　主　｜　Bert Oostenbruggen
建筑与家居
设计创意　｜　Roel van Norel:（www.roelvannorel.nl）
设计时间　｜　2013年~2014年
竣工时间　｜　2015年

| 1 | 2 |
|   | 3 |

1　百叶窗立面

2　小屋外观

3　平面图

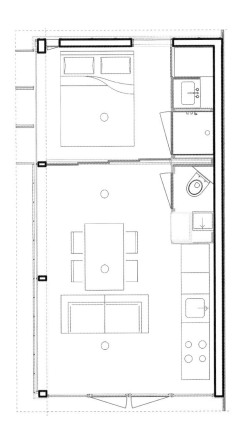

在荷兰乌得勒支北部乡村，移动紧凑型的再生建筑坐落在此。小屋由原木搭建而成，建筑的立面则设计成可以全部打开的玻璃窗，正对着绿色的花园，侧面玻璃墙外安装了一整面百叶窗，可以调整与景观的关系。这项设计由 Zecc 事务所与 Roel van Norel 事务所联合完成设计创意与建造实践，前者负责基本概念设计，后者则将创意逐渐细化并协同予以实现。

小屋原本是一栋花房，改建时保留了原有的基础与建筑的外形与轮廓。小屋源自一个朴素的设计原型传统：石板坡屋顶、烟囱以及红雪松木墙板。天然材料的使用令这栋小屋自然而然地融于场地。建筑设计、室内设计以及项目完成度等方面的协调，使得这栋小屋的设计超出寻常的工艺。

小屋的改建着重于非对称的外观与室内设计。小屋的一面用垂直石板全部封闭，覆盖以水平分布的石板表皮，与小屋屋顶的石板设计风格一致，当小屋呈关闭状态时，使得建筑外观显示出密闭的外观。另外三个立面可以开放地拥抱自然与阳光。与石墙对立的玻璃墙安装了一整面百叶窗，可以调整与景观的关系。起居室和卧室之间的滑动门可以让整个空间连成一气，卧室上方还一个小阁楼。

小屋起居室正对的山墙采用了钢窗架，大玻璃落地窗直面景观，起居室和卧室之间的移动门令空间可以自由组合、变化。由于一侧立面封闭，小屋内所有的设备都集中在这一面内部用橡木做成的组合柜中，厨房、厕所、淋浴间都位于此处，甚至用"抽屉"组合成床，将卧具与收纳融为一体。卧室上方还设计了一个面积不小的阁楼。在小屋中，每个角落都经过精密计算，充分利用每个空间的多功能使用效率。

小屋使用透明玻璃与钢结构的立面，在封闭形的表皮映衬下，令建筑物如同草地上摆放的电影屏幕般，在固定的框架里演移动的风景。ENO

```
 1    | 4  5
 2  3 | 6
```

1　百叶窗全开状态
2.3　夜景
4.5　窗即门
6　内景

# 小木屋工作室
# WOOD STUDIO HOUSE

| | |
|---|---|
| 译　　写 | 小树梨 |
| 摄　　影 | Jordi Anguera |
| 资料提供 | Dom Arquitecura |

| | |
|---|---|
| 地　　点 | 巴塞罗那、Sant Cugat |
| 建筑面积 | 76m² |
| 建筑设计 | Pablo Serrano Elorduy |
| 室内设计 | Blanca Elorduy |
| 合 作 者 | Sebastia（Futes） |
| 竣工时间 | 2015年 |

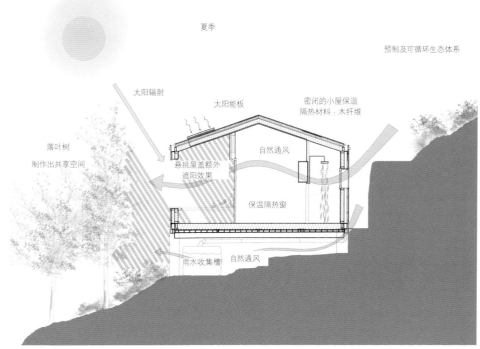

夏季

预制及可循环生态体系

太阳辐射

太阳能板

密闭的小屋保温
隔热材料：木纤维

落叶树

制作出共享空间

自然通风

悬挑屋盖额外
遮阳效果

保温隔热窗

雨水收集槽

自然通风

1 书房

2 入口及外观

3 夏季节能策略

4 轴测架构图及各空间布置的步骤解析

这栋近乎全木质的小屋就坐落在圣库加特（Sant Cugat）的一处平缓的山坡上，而被动式节能及可持续的环保理念则是其一大亮点。首先，它的布置与朝向便是经过审慎考量的。小木屋原址处留有一些老旧的混凝土柱及钢梁，这些构件被保留了下来，并被用作新建小屋的基础，以此使营建过程中对原环境的影响减到最小。小木屋纵墙朝南，且较大的窗洞也开在南立面上，这既保证了小木屋在冬季能获得足够的日照，亦使其在夏季能免受灼热阳光的暴晒。而其他三面墙则较为封闭，仅有几处较小的窗洞被安排在北立面上，由是形成了南北相通的格局，使得小木屋有较好的通风效果，尤其是在夏季，南北窗口之间自然的空气流通，使人倍感凉

爽与舒适。

既是小木屋，木材的选用自是值得一提的。无论是主结构，还是内外墙面材料的选择，木材都是当之无愧的主角。主结构为轻型木结构，由赤松木构成；内墙面选用三层胶合木，贴松木饰面；而外墙面则用了经高压处理的冷杉木。上述提及的木材均来自比利牛斯山脉，在设计师看来，选用当地材料可以很有效地减少运输成本及能耗。而且，木材亦是唯一一种能够将组装及施工阶段的碳排放量降低到接近零的材料。同时，木材的保温隔热性能也十分优越，热导系数较低，竣工之后小木屋的墙体及屋顶传热系数（$U_{WALL}$=0.268；$U_{ROOF}$=0.207）均达到当地节能标准 A+ 级。

雨水灌溉的概念也被运用到这栋小木屋中。在屋子的下方，设计师安放了 7 个水槽，用以收集屋顶及小屋外部步道的雨水，可存储的水量达到 10m³。而这些收集到的雨水可用来灌溉花园与草地，很自然地减少了屋主的用水量。■

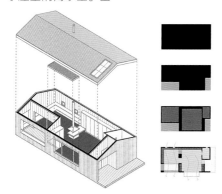

1　客厅
2　由书房看向客厅
3　由书房看向半开放露台
4　浴室
5　半开放露台
6　客厅靠窗处

# 轮值 "欧盟大楼" 3d 打印外立面
## 3D PRINTED FACADE FOR EU BUILDING

| 译　　写 | 小树梨 |
| 资料提供 | DUS Architecture |

| 地　　点 | 荷兰 |
| 主　设　计 | DUS Architecture |
| 参数化开发 | |
| 及3D打印 | Actual |
| 临时结构设计 | Neptunus |
| 材料研发 | Henkel |
| 照　　明 | Philips |
| 施工组装 | Heijmans |
| 竣工时间 | 2016年1月 |

1 白色"风帆"在夜色中被灯光点亮

2 大楼入口处 3d 打印外立面

3 外立面夜景

自 2016 年 1 月起的 6 个月内，荷兰会出任欧盟轮值主席国，而位于荷兰阿姆斯特丹的一栋临时建筑也将作为"欧盟大楼（EU Building）"亮相，亦将成为欧盟政坛风云人物的聚集地。这栋建筑最抢眼的就是入口处由 DUS Architecture 事务所设计的 3D 打印外立面，材料则是先进的生物塑料。在轮值期后，这些材料会被回收再利用。

### 风帆造型的历史意义及数字化制造

建筑入口处的部分被建成有趣的风帆造型，旨在向原址处的旧造船厂致意。风帆的造型还巧妙地创造出类似凹龛的空间，为下方标志性"欧盟蓝"的 3D 打印长凳提供了遮蔽。3D 打印出的图案，或大或小，有圆有方，象征欧盟各成员的丰富个性。到了夜晚，这些白色"风帆"会被脉冲灯光逐渐点亮。

### XXL 3D 打印

每一个座位都能与凹龛精准契合，这是 DUS Architecture 为欧盟大楼特别设计的，并由阿姆斯特丹 3D Print Canal House 的超大型 3D 打印机打印完成。这台打印机可打印出 2x2x3.5m 的元件。在这个项目里，打印使用的是一种特制的生物塑料，而在座椅部分，其表面还覆有一层浅色混凝土。在轮值期结束后，这些生物塑料可被切割后再次投入打印。在公共建筑领域，这也可算是超大型 3D 打印制品的一次先锋实践。

### 创新：整条产业链的贡献

3D Canal House 的诞生是这个项目的另一喜人收获，而创办这样一家 3D 打印工作室其实也一直是 DUS 及其合作伙伴的夙愿。其中，3D 打印的产品由 Actual 负责制作，它是阿姆斯特丹一家刚起步的公司，从事超大3D 打印建筑构件的开发工作，并提供在线订制服务。而在本项目中，建筑的 3D 打印外立面能够在相当短的时间内完成，也得益于整条产业链中各合作方的努力与配合，其中包括：DUS（主设计方）、Actual（参数化开发与 3D 打印）、Neptunus（临时结构设计），Tentech（工程）、Henkel（材料研发）、Philps（照明）和 Heijmans（施工组装）。■

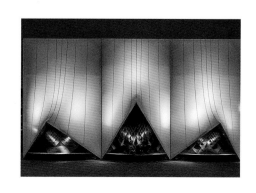

1—4 白色"风帆"形成类似凹龛的空间，
　　为下方长凳提供遮蔽

# 巴洛克花园里的新橘园
# THE ORANGERY IN THE BAROQUE GARDEN

| | |
|---|---|
| 译 写 | 小树梨 |
| 摄 影 | Hampus Berndtson |
| 资料提供 | Lenschow Andersen |

| | |
|---|---|
| 地 点 | 丹麦霍尔特 |
| 建 筑 师 | Kim Lenschow, Søren Pihlmann and Mikael Stenström |
| 设计时间 | 2015年 |

1　橘园外观

2　巴洛克花园里的橘园

3　橘园模型

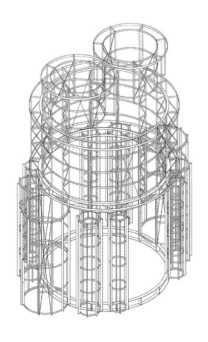

在丹麦西兰北部 Gl. Holtegaard 画廊的主花园里，新建了一座临时性的"橘园"。橘园的造型十分艺术化，特征强烈。而在它现代化的表皮下，则包裹着精致繁复的内部构造，让人追忆巴洛克时期的绚烂之光。同时，这个临时性的展馆也可以被认为是对弗朗切斯科·博罗米尼（Francesco Borromini）设计的罗马四圣泉嘉禄堂——一栋经典的巴洛克风格建筑的重新诠释。

彼时，弗朗切斯科·博罗米尼运用一些基本的几何形状，如圆形、椭圆形，创造出了一座充满动感之美的教堂。而在橘园项目的设计中，建筑师便以弗朗切斯科·博罗米尼的教堂的平面图为参考，并逐步丰富构思。仿佛是向原来的教堂空间

致意一般，橘园的外形酷似一座小型的白色教堂，远远望去，就如同一幅素描画。橘园的基本结构为钢结构，钢构外包覆了一层坚固的塑料膜布，而这种特制的材料往常则多用于保护机动车、船只及其他大型物件等。

在橘园的内部，各类柑橘属植物被悬挂在高高的白色穹顶之下。每当夜幕降临，灯光亮起，这些植物就像是半悬在空中，在白色膜布上留下一道道形态各异的影子。借以这样一种构造，橘园将古典的造型自然而然地融入到了当前的高科技世界之中。而建筑师或许也正是借了橘园这个项目，沉默却有力地表达出对眼下功利至上的世界的思考：美早已沦为奢侈之物…… **END**

| 1 | | 4 |
| 2 | 3 | |

1.4 橘园内部

2.3 橘园夜景

　　"素"，最朴实的本色之美，不添染杂念之本真。信赖自然，顺势而作，这是存在于"素"背后的审美意识。匠人对于技艺的修炼，不只是日复一日的重拾传统，而是在传统技艺基础上，如何提升器物的现代耐用度，要做到这一点，需要对材质有着充分了解。

　　不少日本设计师群体对这股风潮的推动产生了影响，自 1925 年柳宗悦提出"民艺"并且推行的民艺运动起，日本的产品设计师们对于现代生活中的传统器物再设计，总有着一股执着。其中师从荒川尚也的鸟山高史，就是一位专注玻璃的设计师。他的老师曾在1981 年以自己独有特色的玻璃吹制方式闻名，玻璃中不规则的气泡，赋予这个偏"工业风"的材质以独到的手工气息。鸟山高史则是在他老师的基础上，配合在意大利学来的吹制方式，发明了"鸟式吹刮"——用铁皮打成磨具，在磨具上刻上纹理，吹玻璃的

时候直接吹进铁皮磨具，趁高温状态下的玻璃处于柔软状态，再辅以不同的变化。这样的方式使得每件玻璃作品中呈现出不同的斑驳痕迹，令人们不由自主地沉迷在玻璃制造的视觉迷雾中，也将玻璃变成一种富有艺术气质的材质。相对于玻璃材质的局限，陶与瓷在日本设计师手中变化中更多的可能。只做白瓷的大古哲也、将潘通色（Pantone）与传统器型结合一起的池田优子、擅长陶器器形造型化的泉田之也，虽然他们制作的原材料都是来自泥土，却挖掘出泥土的各种可能性。

　　玻璃在匠人的吹制中，呈现晶莹剔透的光线折射；木材在风雨中洗尽铅华，展露优美的纹理；新竹在岁月变迁中更迭素衣，将青翠转为寂寥的金褐；陶泥在高温的烘制中，显现的是斑驳陆离釉色之美……回归材质的素作，呈现材质本身的自然之美，亦是当下器物设计的一股风潮。**END**

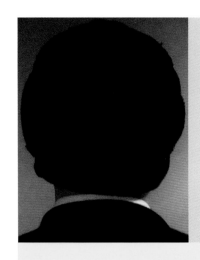

闵向

*建筑师，建筑评论者。*

# 城市向乡村学习，是句废话

撰　文　|　闵向

　　城市，细究之下，其实不尽相同，一类是被我们称为大都市的，是具有复杂系统特征的城市，我用 C 指称。另一类则相对前者，是其他城市，是简单系统，我用 S 指称。农村，无论发达落后，可以表现出不同的形态，但基本都属于简单系统。按照 Santa Fe 研究所的定义，所谓复杂系统是具有自适应能力的演化系统。这类复杂系统内部有很多层次不同，大小也各不相同 (multi-level & multi-scale) 的子系统，这些子系统之间可以是相互依赖的，可以有许多协同作用，可以共同进化，也可以相互竞争。复杂系统是具有强大竞争性的系统，会吞噬竞争失败的系统，以膨胀的方式来扩展疆域。面对复杂系统的膨胀，简单系统毫无竞争力。大都市 C 作为正在膨胀的复杂系统，吞噬了临近的农村和 S 型城市，是一种新的城市化，它们的极限是技术能力，每次技术能力的升级，就意味着 C 型城市的又一次膨胀。农村，有时它们得以残喘，要么是离城市很远无法获得城市的好处而不得不陷于萧条或者因为其封闭性而呈现原始状态，落后但自给自足和城市没有必然的关系。要么其实就是 C 型城市的附庸，是一种被刻意保存的为城市服务的景观，或者是城市的后勤基地，是复杂系统内的子系统或者是之外相关联的合作系统，是被城市异化过的农村。大城市 C 作为复杂系统膨胀的时候，农村和 S 型城市都未能幸免，S

型城市甚至伤害更大，即便远离大都市，但因为大都市的需求发生改变，或者需求转向新的 S 型城市而导致衰退。在复杂系统的竞争中，S 型城市和农村一样，作为简单系统，都是可以被牺牲的。所以问题来了，哪个类型的城市向哪种农村学习？连城市的区别和农村的差异都没搞懂，城市和农村就是两个空泛的名称，它们作为一组抽象过的假象知识，毫无实际意义。

　　某建筑师曾经饱含感情地说："中国人一直有一种幻想，认为中国的文化在城市里毁灭之后就可以到乡村去找。这是我们的一个传统，每一次城市被毁灭之后，我们就到乡村去把我们的传统找回来，把我们的那种感受，对自然的感受找回来，把我们的手工艺找回来，把我们生活里中国的那种味道找回来。"这是幻觉，一厢情愿地代表中国人，并不愿意承认农村的失败。传统，是传统的精神还是传统的形式？传统的形式趋于没落是因为技术发展了，而传统的精神如果没死，它会以新的形式得以流传。其实，中国的传统精神在大都市，所有才有城里人主动关照失败的农村。而农村里传统的形式或许因为技术洪流还没冲刷足够而得以局部保存，但传统的精神在农村则或许远远少于大都市。

　　那么传统到底还有没有价值？我们看到那种自然的生态的，对今天到底还有没有价值？

这又是个假象误读，我们一直以为农村是一幅和谐的自然主义图景，但事实是，农村是用低水平的技术水平侵蚀自然的，回顾农业开垦史，就是人类逐步改变自然地貌的历史，农田和建筑都是以自然的伤害作为交换，不过这些交换的速度比较慢，而大都市的交换看上去更粗暴而已。

"中国的乡村需要抢救。中国的城市的传统文化的恢复，我个人认为是相当的悲观，几乎没有可能。我对中国所有的城市都处在绝望的状态里。但是中国的乡村文化还有可能抢救，他不是在那里好好的，而是天天都在崩溃，如果你不抢救，十年之内就不存在了，全部消失，中国文化就不存在了，在这个地球上。"中国的乡村的确需要抢救，但中国城市无论哪种类型，城市的传统文化的恢复和这点没有必然关系，所以农村即便消亡，中国文化依旧好好存在那里。何况中国农村在十年中也不会消亡，这根本不必危言耸听。情怀不能掩盖无知，鸡汤救不了农村。

无论哪类城市，问题在于骄傲，以至于失去对历史的敬意，农村是一种进行中的历史，其实城市也是。城市要克服所谓先进的优越感，不能摧枯拉朽地毁坏所有历史的物质和精神遗存，包括自己的或者农村的。历史作为一种文化记忆和经验，对于人类社会不沦落成技术至上社会是最重要的奇异吸引子，刻意清除可以算是愚蠢。此外，在竞争中，S 型城市作为和农村一样的简单系统，不要以为掌握了比农村先进一点的技术就以为优

越于农村，如果不能进化成复杂系统，它的命运比农村可能更差，因为后者在目前和今后相当长的时期里还是人类生活的基础，农村是被需要的，而 S 型城市则是可以被替换的。作为复杂系统的大都市也不是百战百胜的，它们之间也会竞争，相似的类型的大都市在利用技术消弭了地理鸿沟后，面临更残酷的竞争。一个历经百年以上而成熟的复杂系统的崩塌是不可预测的，但这竞争和农村已经毫无关系。

人类社会这个复杂系统，农村曾经因为局部技术优势和略胜一筹的自组织原则而得以成为这个系统早期历史的主要系统形态。在漫长的演化中，城市作为与农村相似的系统的不同类型出现了，再后一种具有未来复杂系统的 C 型城市出现了。一开始，它们和 S 型城市看上去差不多，等它们成为主宰人类社会的主要系统形态时，身在其间的人觉得这是不可思议的新异物，但它们不过是我们熟悉的系统中涌现的新系统而已。

那么农村的未来在哪里？向大都市学习啊！大都市不见得是未来的唯一形式。地理阻隔在不同地貌上的农村，如果通过新的技术得以成为具有自适应性主体的子系统，这些子系统把农村变成一个和大都市不同类型的复杂系统，并通过吞噬 S 型城市来膨胀，那是农村得以新生的机会，未来具有令人着迷的不确定性。不过那时又会有人有新的哀叹了，我们的生活毕竟需要悲鸣来安慰自己并不完美的世界。**END**

## 陈卫新

设计师，诗人。现居南京。地域文化关注者。长期从事历史建筑的修缮与设计，主张以低成本的自然更新方式活化城市历史街区。

# 想象的怀旧——西遇随记

撰　文　|　陈卫新

### 出发

去机场的路在清晨是寂寞的，有些早起的白鸟，在远处飞起来，又落下去。那片林子的后面是一条大河，往西可入长江。两侧低平的、已渐枯黄的草地上罩着一层厚厚的雾，浑浊的，大约有一米左右高度。车子开得很快，所以这些沉淀下来的水气就像停止了一样，低伏着，这种往下的低伏如同充满厚意的拥抱。

我喜欢安逸，喜欢阳光与纯白的床单，还有冰过的汽水。这些都是糟糕的习惯。如同前座开车的人讲的，这个时代要会吃苦，不会苦，光会享受没得出路。我该怎么去苦呢。出租车是昨天晚上约好的，开车的老大很会讲南京话，与大多数出租车司机一样，能聊。老大，是他自称的，之前他打电话时，一直在与对方强调这一点。这是我第一次听人这么理所当然地自称老大。从后视镜就能看得到他眼睛里缓缓的光芒。忽然发觉这种光芒与我认识的另一人特别相像，他们目光的释放都特别地慢。他的确是个聪明人，自己做了一个插件，所以在滴滴打车平台上总是能优先抢到机场的单。南京人在这方面的思考能力的确是强的。以前，许多人家都可以自己做一个收音机出来，能做收音机的男人会很有优越感。小时候的邻居就是如此，

一下班，收音机就开得很大声，他的几个女儿会满面红光地跟着音乐唱歌。那真是一种充满自豪感的歌唱。能抢单的男人自然也该如此。这个世界从来就没有公平存在，公平只是具体的一件什么事，或者有话语权的人一次偶然的善意。再次西行，算来已是十年了。

昨晚在家想找一本《大唐西域记》带着，没找着。找到一本朱偰先生的《玄奘西游记》，带着走路，每一刻都像去取经一样。

### 敦煌

越来越近的，是一大片说不清楚的灰色。飞机降落的时候，甚至让人有一种落在沙地里的错觉。进城的路名来自附近的阳关，阳关大道，当然是个好名字。但偶然走走独木桥，也不见得就不可说。做一个偏执的人，看来要有很大的勇气才行。

敦煌，位于河西走廊的最西角上。季羡林先生说，世界上影响深远的文化体系只有四个：中国、印度、希腊、伊斯兰，再没有第五个，而这四个文化体系汇流的地方只有一个，就是中国的敦煌和新疆地区，再没有第二个。我想他一定是有足够的理由才会这么说的。对于敦煌，我的兴趣起源格局小了一点。小时候，每至春节，都会发烟酒票，

玉门关

有时候会有两瓶洋河大曲。不知道是怎么想到的，总之，决定的人很牛。设计也好，那个绿色底飞天的酒标似乎是配得上一个洋字的。这事一直难忘，有次与一好酒朋友聊起，他不知道怎么一下子兴奋起来，第二天送了20瓶三十年多前的瓷瓶洋河来。我看着二十位栩栩如生的飞天，说不出话来。后来大一点，看舞剧《丝路花雨》，那算是舞蹈的一次真正启蒙。女性身姿之美的极致，便是身后之空。一直以为阳光对于敦煌艺术是重要的源头。时间之中，阳光可以与水流一样产生一种神秘的幻觉，一种固执的依赖。

我看过敦煌僧尼饮酒的记录，那些寺院留下的入破历文书，是极率真的好书法。不知道现在的敦煌还产不产酒，今晚喝点什么才好。

**鸣沙山**

睡觉前在附近的小镇喝了一碗青稞酒，土酿，口感不错，只是稍微有点上头。一个人从小路绕回酒店去，可能是酒的原因，竟然不小心走进了一个演出的现场。好在那位用手机玩游戏的保安发现了我。那是一场类似什么印象的实景演出，灯光炫丽，场景开阔，背景是几个高高低低的沙丘。远远的，一队骆驼刚从山丘上经过，光影在沙丘的表面拉得很远，隐约有驼铃与西域的弹拨乐。身穿唐代衣裳的姑娘们在我身边走来走去，圆领露胸窄袖衫，月白色的一片。恍然隔世。

差点撞上一个身穿红色斗篷的人，他推了一辆独轮车，从夜色中的沙地中走了出来，满头大汗。去月牙泉看日出，就是那一刻决定的。玩手机的保安说，在泉边看日出，时间最好在六点至七点之间。所以我起床的时候，天还完全是黑的，只是繁星满天。这是我至今看到过最多星星的一个夜晚。

没有犬吠，山庄的门卫显然有点困了，他抬了抬眼镜，用当地特有的鼻腔共鸣说，出门，顺大路一直走下去。大路的确是大路，但是没灯，一出门，大路就消失在夜色里。一个人在黑暗中走，开始都是盲目的，如同一个人试图独立思考。好在星光还是能抵上点用的。路边种的树好些都是旱柳，间隙有几棵直直的杨树，瘦瘦的，特别高，与星空交接，显得特别有情感的样子。月牙泉的门口有块牌子，写着"带上记忆回家"。在黑夜里一个人走了半小时，的确是一种体验。进入鸣沙山月牙泉那个象征性的门洞时，的确是有无与伦比的美妙之感。鸣沙山是从黑地里一下子涌上来的，在黑暗里面的光影的细节才更有可能打动人心。围着月牙泉走了一圈，没有能听到鸣沙山的沙鸣。

据说几天前刚下过雪，可惜也没有看到。雪中来月牙泉应该也是好的。游人渐多，出门的时候，返身回看，鸣沙山上已经铺好了金黄色的光。

**玉门关**

谁知道这是什么呢？对于一片空白，无

论什么，立在其中都是可以饱含深意的。

我到达玉门关的时间是日出以前。旷野，空无一人。开车的满脸胡子的司机王，偏了偏身子，隔着玻璃，用手指往前方指了指。就是那个。就是哪个？我站在一块平地上傻站了一会儿，便捏着一只苹果，往黑暗里的那个最黑的方块走去。苹果是前一天晚上在路边买的。当时我就想好了，我要在玉门关吃一只苹果。春风不度玉门关，是啊，还有什么比独自一人在玉门关吃一只苹果更有意义呢？

天冷。脚下沙子的声音也显得有些凉意。它们又似乎暗示着我的步伐。是快，还是慢一点。回头看车，已经暗进了沙石里。想来所有的夜色都是有相似之处的，在最接近地面的高度永远会比更高处淡一些。玉门关就在淡一些的远处。与我想象中的完全一样，玉门关不大，但在这样一个开阔的山地上，依然称得上雄壮。山地下方是一大片低洼地，黑暗中看不真切，只是看着脚下金黄色的草延了过去，又绕了过去。更远的地方，有几个水泡子，闪闪发光。

回到车上，司机王已经睡着了。他俯着身，额头顶在方向盘上，前挡玻璃前的平台上，放着我下车时给他的苹果。此刻，那只充满绿意的苹果，映射出的是难得一见的光彩。我是来参加年会的，却在开会的间隙，找到了一个寂寞的、新鲜的早晨。这种心情，如同一件时间紧迫的设计项目，尚未开始，却似乎看到了交图的那一天崭新地临近。

高蓓，建筑师，建筑学博士。曾任美国菲利浦约翰逊及艾伦理奇（PJAR）建筑设计事务所中国总裁，现任美国优联加（UN+）建筑设计事务所总裁。

# 吃在同济之校园里的故乡

撰　文 ｜ 高蓓

　　每年开学回沪，大家的旅行箱里少不了各种食物，文子带油泼辣椒，琪带苦豆子饼（只有同是来自西北的我懂得欣赏），鹿发挥地区品牌优势，带来成箱的双汇火腿肠成为大家的佐（方便）面佳品。最受欢迎的是静带来的大酱。

　　静是朝鲜族的女孩儿，她带的大酱是用黄豆熬熄发酵的那种。大家蹭酱佐食各异，静只有一种吃法。她先去外面菜场买些生菜，回来洗净，剥成叶，再去食堂买二两米饭，回来坐在寝室桌前，把大酱抹在菜叶上，细细的包上一点米饭，一口一个吃进。

　　晶和我都觉得大酱和馒头才是绝配，晶出去买馒头，买回来两个包子。"上海人竟然把包子叫馒头，那馒头叫什么？"晶问。"叫淡馒头。"寝室里的上海女孩漪回答。

　　晶是石家庄来的女孩儿，为了吃馒头煞费苦心。同济食堂里只有早餐才有馒头供应，不过"橘生江北以为枳"，掰开那馒头，面瓤粉实干涩，没有北方那样互相牵扯的肌理，就是北方人常说的"暄"的状态。馒头区别于面包烙饼和上海馒头，唯这"暄"字可解。晶踩着二手自行车休息日到市里到处乱逛，成为上海第一代馒头买手，此时离"巴比馒头"红遍上海滩尚还有几年。

　　肠胃不舒服，是推动晶寻觅馒头的理由。"米饭太难消化。"她说。其实歌颂故乡的滋味绝不是浅层味蕾的表达，而是肠胃的呼唤，这种24/7的持续呼唤综合了人的生理需要和安全需要，属于马斯洛德理论的最基础层次。所以说思乡是一种真实的感受，确切地说，是由肠胃出发的失落感，却要心来承受。

　　我们可以让身体在四处游荡，唯有肠胃能识得故乡，它受亏待的时候就叫做"水土不服"。大一的时候认识一个桥梁系的男孩，来上大学是第一次离开家乡，乘火车来到上海已是半夜，费了比旅行1500公里还要大的劲儿（他的陕西语言在上海甫一运行便一次次遭遇"无法识别"），才摸到大学里的寝室住下，刷牙，噙了一口水就吐出来干呕。"水简直是又腥又苦。"他说。"你太夸张了吧。"我说。"真的，我当时把晚饭都吐出来了，我就想，这上海是什么地方，话听不懂，水都喝不进。""你家是哪里的？""陕西法门寺的。"

　　好吧，难怪。我信了，还有比你们家乡更好的风水宝地吗。

　　说起故乡，他两眼放光。和文子一样。

　　在上海，长年水土不服需要一种精神的坚持，文子做到了，具体的症状就是，这里大多数有关生活的事物，都不如故乡的好，尤其是食物。文子曾是努力过的，从大二开始，她勇敢地搬到校园边上的租屋里，开始用创业般的激情研发记忆中的泉水鸡，水煮鱼，辣牛肉。当然她获得了成功，全寝室都在盼着周末能去她那里打一顿牙祭。只可惜那时没有微信不能晒图，否则可能成就她另一种人生。

上一次文子做泉水鸡应该是在十年前，与其说是放弃，不如说是一种难以言说的抵抗，尤其是发现自己已经已无能为力的时候。家中的小钵再麻辣，也比不过重庆空气中都散发着的鲜香的诱惑。住在住不惯的上海和离开离不开的重庆，水土不服仿佛是一种忠诚的象征，解救纷繁而陌生的事务和危机的借口，从肠胃到精神，示现对所来之处的皈依。故乡的食物，是有救赎功能的。

锦每个假期都会带回来很多孝感麻糖，看到我津津有味地品尝，总免不了叹一口气：唉，你吃不到我们那儿的热干面。久而久之，热干面成为一种传说中的美味，我第一次到武汉出差，下飞机就问人家哪里可以吃到热干面。吃完了还要追问：这就是热干面？不就是芝麻酱拌面？

即使是失望，还是要尝试。后来每次去超市看到有热干面的速食包装，仍忍不住买回来吃，每次吃完都是同样的发问，想来那"热干面"三个字就仿佛应该是一种无法抵达的配方，藏在中国梦的深处。或者相当于"达坂城的姑娘"，唱就唱了，还是不要碰到的好。

不知后来的热干面是否还能安抚锦的肠胃，让人沮丧的是，如今我家乡的食物竟然也和虚拟的热干面一样让人浇熄热望。隔

着千里的想象和十多年前的记忆一样飘渺，甚至后者更容易让人屈从于现实的改造。就像是我对着一盘梦寐以求"石河子凉皮"，发现它竟然也染上了芝麻酱的油香。

我们都是从故乡逃离的孩子，在异乡的饭桌上祭奠自己的童年，回到故乡却突然发现故乡蒸发在半空中，只剩下记忆的水蒸气。连食物都是经过改良更新换代了，面辣子里面多了肉和菜，馕好像面包一样蓬松发甜。故乡的座标点无法定位，还好我们可以经过母亲到达故乡，在尘土弥漫的城乡变迁中，仅有母亲做的饭食和记忆是可靠的。

景是我硕士的同窗，安徽女孩，本科在家乡读的，硕士来到上海。眉眼细腻端正，神态温和淡弱，无论你说什么，她都是很用心听的样子，听到她说"不"真的是件挺难的事。可是她最大的特点却不是随顺，而是不吃饭。

不吃饭的意思是不仅不吃饭，菜也不吃，饭馆都与她无缘，更别说食堂了。总结一下就是，凡是 cook 过的食物，她都是不会入口的。每日的能量就来自一点水果和汪汪雪饼之类的膨化食品。

景让我们摸摸她的大臂内侧，软软的，她笑：不吃饭就是这样的。我问她可有什么她故乡特有的吃食，我们出去撮一顿也好。没有。她说。她的毅力让人惊恐，我吃素以后尚还有一两样肉食偶尔会念想，她说看到那些饭食，会觉得恶心。

景交往了一个男朋友，上海男孩子，很斯文干净的样子，给景买汪汪雪饼和鲜贝，陪着她不吃饭，晚上打电话聊天，一直聊到凌晨四五点。那时候手机还不普及，寝室里

的电话装在门旁边的墙壁上，景持着电话听筒，怕影响室友睡觉，就靠在门外的走廊上，站累了，就顺着墙壁慢慢蹲下。看她的下蹲的程度，就可以判断他们通话的时长。半夜我起夜出门，看到她蜷在走廊冰凉的水泥地板上，把电话卷在颈里柔声呓语。

很快，那男孩子成为寝室里的话题，因为他超乎寻常的耐受力。景喜欢"虐待"他，不高兴时的冷暴力，逗着玩儿时的拧抓拍打，男孩子身上青一块紫一块，恭顺隐忍地对待着景的任性。

毕业前大会上，院长说有一个同学的妈妈打电话到院长办公室，希求能够多多照顾一下女儿毕业分配的事情。强调独立性的院长表示强烈震惊：到这个时代了，硕士生三四十岁的都有，怎么会有还在嗷嗷待哺的学生，怎么会还有这样想要插手的家长。

打电话的是景的妈妈，景有一个过度关注而强势的母亲。瞬间，我理解了景的不吃饭。曾经，我刚刚离开妈妈时是那么的执拗和乖张，我所做的，只是想表达我多么想和从前的自己脱离。

景选择的方式更为决绝，二十多年被过度关注和支配产生的压抑，用不吃饭和过去的生活、正常的生活划分开来，仿佛在说：看吧，我可以支配自己，并且，我不愿意再做一个庸常的孩子。甚至，我愿意通过折磨自己，拥有与众不同的生活。

对于温柔而和顺的景，选择这种折磨不难理解，更确切的表达是：身体和意念的尝试。最好的途径是：食物－母亲－故乡。

景的男朋友的母亲是怎样的，当然，你们也会猜到，答案是：与景的母亲非常相像。**END**

教授、建筑师、收藏家。

现供职于深圳大学建筑与城市规划学院、东南大学建筑学院。

# 灯火文明
## 千盏油灯收藏，半部陶瓷历史（上篇）

撰文、摄影 | 仲德崑

　　将近 30 年来，我收藏的油灯已逾千盏。材料上涵盖竹、木、陶、瓷、铜、铁、玉、石，时间上纵跨新石器时代直至近现代，但绝大多数油灯的材质还是以陶瓷为主，特别是以瓷器为主。我收藏的陶瓷油灯覆盖全国从南至北窑口，其中亦不乏各大名窑产品，不少品种为收藏家所追捧，大有可圈可点之处。

　　我对陶瓷的喜爱，源于 1967 年"文革"晚期从南京步行去井冈山，春节时途经景德镇，住在陶瓷学院，去人民瓷厂体验制作毛主席素胎胸像。后来的陶瓷油灯收藏，更激发我对陶瓷研究的兴趣，懂得了陶瓷的制作原理和工艺特色，进而了解掌握陶瓷的鉴定和鉴赏知识。我引以自豪的是，我除了是中国建筑学会的会员，还是中国古陶瓷学会的会员，自诩为游走于建筑与建筑之外的建筑师。

**陶器油灯**

　　陶瓷的产生和发展，是同人类的生活、生产紧密相连的。大约在 70 万年以前的原始时代，就产生了原始的陶器。从我国河北省阳原县泥河湾地区发现的旧石器时代晚期的陶片来看，陶器在中国的产生距今已有 11700 多年的悠久历史。河南新郑裴李岗发现的陶器距今约 8 千年。距今 7000 多年出现了仰韶文化彩陶，距今 6800 年浙江河姆渡文化陶器，距今 6000 多年的大汶口文化红陶和距今 4000 多年的龙山文化的黑陶与白陶。我收藏的这盏红陶灯体型硕大，造型简洁，红陶的色彩十分优美（图 01）。

　　距今 5300-4500 年左右的良渚文化是一支分布在中国东南地区太湖流域的新石器文化类型。除了玉器之外，良渚文化的陶器也相当细致。良渚文化的陶器，以夹细砂的灰黑陶和泥质灰胎黑皮陶为主。已普遍采取快轮成型的制作方法，各种陶器造型优美，胎质细腻，器壁厚薄均匀，火候较高。常在器表用镂刻技巧加以装饰。良渚文化的许多陶器，既是美观、大方、实用的生活器皿，又是很精致巧妙的工艺美术品。我收藏的这盏良渚文化黑衣陶镂孔灯，就具有这些显著特征（图 02）。

　　到战国、秦汉时期，制陶业更加繁荣。除了灰陶之外，釉陶也普遍应用。汉代出现了一种"铅釉陶"，以铅作为助熔剂。铅釉

图 01：新石器时期红陶灯

图 02：良渚文化黑衣灰陶镂孔灯

图03：汉灰陶虎座灯

图07：汉红陶马头手柄灯

图05：汉绿釉陶灯和守灯俑

图06：汉灰陶组合灯

图08：汉灰陶鸟头手柄灯

图09：辽三彩黄釉陶阪沿灯

图04：汉灰陶熊柱插盏灯

陶的制作成功，是汉代制陶工艺的杰出成就。釉料中加入铅，可以降低釉的熔点，还可使釉面增加亮度，平正光滑，使铁、铜着色剂呈现美丽的绿、黄、褐等色，绿釉为最多，绿如翡翠，光彩照人，收藏界统称为"汉绿釉"。本人收藏了一些汉代陶灯。其中，汉灰陶虎座灯，体型硕大，长近40cm。虎形灯座，插一灯盏，造型独特（图03）。另一盏灰陶灯，灯柱顶端蹲踞一熊，柱中部留有一孔，供带柄灯盏插入（图04）。汉绿釉灯表面刻画几何纹饰，施以绿釉，色彩十分绚丽，一旁的守灯俑，造型质朴，表情呆萌，是十分有趣的组合（图05）。汉灰陶组合灯，由油壶和灯芯管组合而成，却也珠联璧合（图06）。汉红陶马头手柄灯和汉灰陶鸟头手柄灯，造型手法一致，有异曲同工之妙（图07，08）。

唐三彩是陶器发展的高峰，唐三彩是一种多色彩的低温釉陶器，它是以细腻的白色黏土作胎料，用含铅、铝的氧化物作熔剂，用含铜、铁、钴等元素的矿物质作着色剂，其釉色呈黄、绿、蓝、白、紫、褐等多种色彩，但许多器物多以黄、绿、白为主，甚至有的器物只具有上述色彩中的一种或两种，人们统称为"唐三彩"。三彩釉陶始于南北朝而盛于唐朝，并一直延续到宋辽。遗憾的是，在我的收藏中没有唐三彩，但是有幸收到一盏辽三彩黄釉陶阪沿灯，虽是单色，却也是精品（图09）。

## 瓷器油灯

瓷器是我国古代的一项伟大发明。从历史文献看，西汉马王堆出土的木简中，已经有了"瓷"字；而晋代的许慎在《说文》中说，瓷是"瓦之坚者也"。早在3000多年前的商代，我国就已经出现了原始青瓷。瓷器的产

图12：晋越窑青釉盘龙柱灯

图11：晋越窑青釉人面灯

图10：晋越窑青瓷熊足灯

图13：晋越窑青釉鸟头手柄灯

图14：南北朝青釉五管灯

图15：南北朝洪州窑青釉灯

图16：唐越窑青釉划花六管灯标本

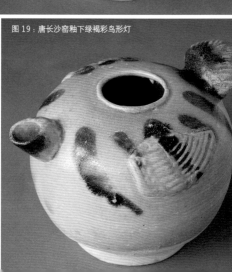

图19：唐长沙窑釉下绿褐彩鸟形灯

图 17：唐邢窑白釉阪沿灯

图 18：唐邢窑白釉印花阪沿灯

图 20：五代越窑青釉鹁形灯

生是陶瓷制作工艺发展的必然结果。当以瓷石为胎坯原料、窑炉的砌筑技术能够把窑床温度提高到 1300 度和草木灰釉的使用这三个条件具备时，瓷器就应运而生了。考古发现也证明了，在距今 1800 年前的东汉时期，便已经基本达到成熟期。

**南青北白话油灯**

在我国早期瓷器发展的历史中，呈现南青北白的格局。浙江是我国的青瓷发源地。东汉晚期窑址出土的青瓷，质地细密，透光性好，吸水率低，1260 ~ 1310℃ 高温烧成；器表通体施釉，胎釉结合得相当牢固；釉层透明，莹润光泽，清澈淡雅，秀丽美观。三国两晋南北朝时期是江南瓷业迅速发展壮大的时期。我收藏的晋越窑青瓷熊足灯是当时青瓷的精品，而熊也是当时流行的装饰题材（图 10）。这盏晋越窑青釉人面灯，虽然是残器，而以人脸部作为装饰，就更加是难得的精品了（图 11）。晋越窑青釉盘龙柱灯，立柱上盘龙，显得十分尊贵（图 12）。晋越窑青釉鸟头手柄灯，犹如一把小勺，却把手柄端部做成鸟头，一下就变得生动起来（图 13）。这盏南北朝青釉五管烛台，在一个小罐加上四个管口，成为五个管口，可插五只烛，增加亮度（图 14）。

洪州窑位于江西南昌附近，是南朝时期的知名窑口。洪州窑的缺点是烧成温度偏低，胎釉结合不够紧密，所以常常有剥釉的现象。这件南北朝洪州窑青釉油灯，平底直壁，中心有一个圆池，侧壁一个手柄，功能造型简洁直白（图 15）。

白瓷最早出现于北朝的北齐。白瓷的出现，为制瓷业开辟了一条广阔的道路。有了白瓷，才有影青、青花、釉里红，才有斗彩、五彩、粉彩等琳琅满目、色彩缤纷的彩瓷。

唐代烧造的白瓷，胎釉白净，如银似雪，标志着白瓷的真正成熟。其中邢窑白瓷成为风靡一时、"天下无贵贱通用之"的名瓷。

邢窑白瓷与越窑青瓷分别代表了北方瓷业与南方瓷业的最高成就。在制瓷工艺上，唐人留给后世的一份厚礼是在烧成工艺中普遍使用了匣钵装烧。匣钵创制的使用可能要早于唐代，但大量使用并作为工艺的常规，则是在中唐以后。唐人烧出了高质量的邢窑白瓷与越窑青瓷，也为宋代名窑的出现准备了工艺条件。唐越窑青釉划花六管灯，虽然仅仅是标本，但却把唐代越窑精湛的制作水平，表现得淋漓尽致（图 16）。图 17 和 18 的两盏唐邢窑白釉阪沿灯，造型端庄大方，装饰得体，也是瓷器中难得的精品（图 17，18）。

湖南长沙窑又名铜官窑，是唐代南方规模巨大的青瓷窑场之一。长沙窑始于初唐，盛于中晚唐，终于五代，时间延续 300 多年。长沙窑是中国釉下彩绘的第一个里程碑，为唐以后的彩瓷发展奠定了基础，是我国彩瓷工艺的骄傲。这盏唐长沙窑釉下绿褐彩鸟形灯，整体造型就是一个圆罐，仅仅是一首一尾，黏贴模印双翅，加上寥寥数笔褐、绿点彩，就把鸟的神态表达得淋漓尽致。其抽象造型的能力，足以让今天的雕塑家们汗颜（图 19）。

这盏五代越窑青釉鹁形灯无疑是一件十分可贵的精品，作者在一个杯形器的一侧黏贴了一个鹁子，栩栩如生，而鸟首就成了灯的手柄（图 20）。

# 伦敦都会新旧观：
# 不背离、不自封

撰文、摄影 | 范日桥

关于伦敦，有都会区和大伦敦区之分，也有"大伦敦（下辖和伦敦市区）"和"伦敦市（伦敦金融城和威斯敏斯特自治市）之别，下文涉及区域即狭义的伦敦城市中心——都会区（伦敦市）。

### 印象

从公元 50 年罗马帝国扩张者建市至今，近两千年的历史，造就了伦敦无比丰富的城市阅历，从假托商业之名实行政治扩张的东印度公司，到工业革命的成果被资本主义社会夹道欢迎，伦敦的身价和姿势从来没有低过。而在《伦敦上空的鹰》这部影片中，你看到的毁坏和几次白纸黑字下的大瘟疫、大火灾，则是伦敦的另一面，那是被填埋在瓦砾下的大英帝国；片中，你也能看到这个帝国是如何劫后重生，如何选择原谅与和解，重新舒展一贯的绅士范儿。

旧的建筑将一部分城市历史妥善留存，时间上的印痕与空间上的维度仍然赫目；而新的现代感的建筑也丝毫没有骑墙折中，一脉 21 世纪做派毫不含糊；那片曾经的贫民区里的古老建筑则以另一种情势演绎着与时俱进——于古老肌体内部植入创新与活力。这就是伦敦都会区城市风貌给我的整体印象——旧的、全新的、新旧融合的部分，通过区位布局、阶层类属、比例权重、元素技艺的推敲与斟酌，各自形成自身特质，又恰到好处地完成避让与妥协、消解与冲突，看上去自然合理毫无做作突兀。于是，一个城市的胸怀立现——不背离于历史，不自封于现代，新旧同在，同书魅力。

### 细节

泰晤士河西岸，威斯敏斯特区块和海德公园、肯辛顿公园一带，历史上就属于伦敦

的心脏部位，是整个英联邦的行政控制中心，亦向来是向整个英伦输出主流意识形态的地方。历届政府都默守"不能动"的准则，不能动的皇家领地、不能动的文物级建筑、更不能动的高尚阶层生活方式，如何最大化保持跟历史的连接似乎成为历届政客们上任之后首先考虑的问题。

这个以"旧"为主的区域也从来没让伦敦乃至整个英伦失望过，那些过去的记忆和故事，依然被世界各地的游客向往，狄更斯《雾都孤儿》里的大本钟、君主的居所白金汉宫、唐宁街 10 号的传奇、海德公园的演讲、威斯敏斯特教堂的克伦威尔和弥尔顿，不仅一直在担当着旅游卖点，更是一次又一次向世人强调着这片区域弥足珍贵的国宝级地位。

与威斯敏斯特周边的非纯英裔居民不同，海德公园一代的社区多年来都是正统

英裔中产阶层的天下，与周边博物馆、国家公园、美术馆、剧院、教堂等标志物构成了英伦城市精英的生活方式：要品质、要品牌、更要精神消费和信仰洗礼。不知道他们是否自己优越感爆棚，但对"外人"来说，这"不能动"的古旧的、优雅的、内敛持重、成熟稳健的老城区千真万确处处闪现优越感。

转换视点，画风瞬变。泰晤士河西岸，维多利亚街与沃克斯霍尔桥路围成的三角地带，则显示了伦敦的另一种勇气——当拆则拆，该出新出新。与其说建筑自有其态度，不如说是伦敦作为现代大都市向当代文明亮出的诚意，这是对外示好的介质和平台，更是伦敦作为"创意城市"与"设计之都"的角色兑现。

如果说大本钟、伦敦塔、议会大厦、伦敦眼是泰晤士沿岸的历史丰碑，那么碎片大厦无疑是泰晤士河沿岸的新精神堡垒。关于碎片大厦，全世界建筑界都已烂熟，包括其设计者——普利兹克奖得主伦佐·皮亚诺的多个绝佳作品和"不按规矩出牌"的大师范儿，不用赘述。

从城市形象角度，碎片大厦选址可谓精准，区位、视野、环境绝佳，据说能在泰晤士河岸动土的项目都要取得女王陛下的认可才行！伦佐·皮亚诺的名声和能力、泰晤士河上的伦敦新景观、与国际金融城地位和形象符合都可能是立项的原因，但更直接的原因也可能是"船帆"的设计，从形态到寓意都很讨巧，与河岸相映成趣浑然天成，且又因其景观化的造型削弱了与周边几大"老伦敦"景观形成的突兀感。

碎片大厦一带的建筑是以拆除老建筑为代价的，不晓得当时有没有梁思成式的奔走呼告？有没有东城区式斩草除根的残忍？有没有跟旧时光誓不两立有你没我的内心挣扎……但从体量到空间规划上看，这种拆无疑是谨慎、推敲后的结果，没有泥沙俱下的

1.2 新城

3 东区涂鸦

1　皇家咖啡馆酒店

2　伦敦艾迪森酒店

3　牛排馆

"一刀切"。如若感谢，估计得感谢伦敦政府和有关专家拿捏的尺度与分寸的高超技巧和审慎态度以及整个伦敦市民对新旧事物的理性与情怀自觉，比如泰德美术馆就"毫发无损"地继续散发着历史芳香！

从"泰晤士皇家三角地"向北，新牛津大街北一片，新与旧之间的关系又是另一番景象（与伦敦东区情境相当）——能不动坚决不动的旧建筑该如何植入时尚？如何在建筑内部用当代艺术激发出城市活力？

离大英博物馆大约溜达15分钟（官方数据12分钟），雅布＆普歇尔伯格（Yabu and Pushelberg）为设计师们奉献了一场关于新旧结合的教科书级视觉大餐——伦敦艾迪森酒店（The London EDITION）。这是一次简约主义建筑手法介入老建筑室内，实现新老交融的经典设计作品——英伦贵族庄园与现代私人会所的结合、古典与现代相融、传统

文化与现代科技的聚合。再行深入，在大学云集的本片区，有很多这样的老建筑与新室内结合的案例。

其实，在伦敦，在空间设计上自觉于新旧融合的范本很多，位于著名的旅游观光区——西区－索霍区的皇家咖啡馆酒店（CafeRoyalHotel）就是一例——纯粹的古典建筑内呈现的却是现代感受和时尚化服务体验。

**体悟**

游走伦敦，除了访古，除了感受"日不落帝国"人文风物下的荣光，更能鲜明体验到城市的风度。英伦盛产绅士，在城市形象创新的尺度拿捏上，这种绅士风范凸显出一股有所为有所不为的从容与淡定。和马德里、威尼斯、佛罗伦萨等欧洲古老城市一样，对历史印痕珍视、对历史符号敬畏，在城市活

力创新与传统保留上，克制、有分寸，这一点上与中国式的大拆大建，推倒重来的作风正好相反，而且，时至今日的伦敦，并没因对传统的最大化留存，而显得老迈陈旧，如老树新枝，鲜活永续。但说到底，这种谨慎的"介入"的态度，归根结底在于人，伦敦人对历史的敬畏与尊重！

## 遇见大师，遇见艺术，遇见家

作为国际高端家居文化的领导者，LAVIE HOME 始终致力于引入顶级全球家居设计师的唯美之作，让国内消费者与世界同步享受优质生活。近日，品牌更携手大师在上海首度举办"遇见大师，遇见艺术，遇见家"跨界合作作品展。展览中，由芬兰设计师器皿品牌 Iittala 与日本服装设计师 Issey Miyake（三宅一生）跨品牌所推出的 Pause for harmony 家居系列，重新诠释了"家"的重要性和价值。

## 国际室内设计日在沪举行

2016 年 5 月 28 日，2016 国际室内设计日在上海商城剧院举行，近千名建筑／室内行业专业人士、协会组织、设计大咖云集一堂。今年的国际室内设计日活动主题为"设计·智慧"（INTERIORS INTELLIGENCE），作为今年的中国主会场，上海站的活动特邀了设计理论及设计史专家王受之、艺术史学者杭间、国际知名设计师梁志天等做主题演讲，就东西方设计之智慧，启迪设计之未来。

"国际室内设计日"是由国际室内建筑师设计师团体联盟（IFI）发起，每年一度，在五月的最后一个周末举行。每年活动举办期间，全球设计界专业人士、各国设计组织、设计爱好者及公众纷纷积极参与到该项盛事中，并就设计对社会、文化以及未来生活方式的作用发表远见卓识，充分发挥设计师的创造力、想象力，向公众展现设计师巨大的创意热情。

## 「内境·外象」姚仁喜

由国际资深策展人谢佩霓女士策展的台湾知名建筑师——姚仁喜「内境·外象」作品展 2016 年 2 月 28 日在上海当代艺术馆开幕。建筑师姚仁喜先生为"姚仁喜"大元建筑工场创始人，以构筑文化建筑及心灵场域响誉国际，执业 30 多年，作品横跨各种建筑类型。近年来其知名作品：兰阳博物馆、乌镇剧院、水月道场、法鼓山文理学院、故宫南院等，受到高度的国际建筑评论与关注。本次「内境·外象」展览涵纳两个主题：其一「内境」是一系列的多元展示，以电影、音乐、融入大型装置的手法来呈现建筑师的内在思惟、哲学理念与企图撷取心灵与直觉的吉光片羽，保留灵光刹那的瞬间氛围。另一主题「外象」：精选姚仁喜最具代表性之作品，透过创作过程中的草图模型、纪录像片、细部模型、绘图纸本等，连贯一气地呈现于大众面前。

## Soneva Jani 全新揭幕

知名生态奢华度假村 Soneva 揭幕了其最新的度假村物业 Soneva Jani，该度假村将于 2016 年 10 月正式开业，届时，24 座水上别墅及一座海岛别墅将迎接宾客入住，其余的海岛别墅尚在筹建中。Soneva Jani 的名字来源于梵文"睿智"。度假村位于风景秀丽的 Medhufaru 岛上，为马尔代夫诺鲁环礁四座未经开发的群岛所环绕，亮点是周围 5.6km$^2$ 的环礁湖，水清沙幼，更可以 360° 全方位环视印度洋。主岛热带植被繁茂，沙滩细软绵长。

每座水上别墅均配备私人泳池，波光潋滟的环礁湖触手可及，部分别墅更有从顶层直达入水的滑梯。主卧配有伸缩屋顶，可一键操控，宾客们躺在床上便可眺望满天星辰。度假村承袭 Soneva 一贯的低调风格和奢华品质，宽敞的别墅和精美的室内设计均出自 Soneva 联合创始人 Eva Shivdasani 之手，所有的建材也都使用最高品质的可持续材料。

## 第十届上海时尚家居展：遇见很美好

作为国内领先的中高端家居市场国际贸易平台——第十届中国（上海）国际时尚家居用品展览会（Interior Lifestyle China，简称"上海时尚家居展"）将于 2016 年 9 月 20 至 22 日在上海新国际博览中心举行再度亮相。上一届展会参展商数量创历史新高，共吸引来自 14 个国家和地区的 379 家参展商齐聚一堂，参展产品涵盖厨房桌面用品、礼品杂货和室内装饰三大板块。

餐饮消费在中国市场的重要性日益增长，2016 上海时尚家居展的年度主题也将以"遇见很美好"为主旨，将生活方式从单一的居家概念延伸到一个更广的范围。本届展会上将会有以年度主题为名特别打造的主题展示区，包括一个餐饮文化概念展示区和餐厅流水席，重点呈现全球知名厨房和桌面用品品牌，希望可以吸引餐厅经营者和餐厅采购负责人等中高端买家。此外，同期论坛将以丰富多彩的互动体验为主，包括桌面布置、烹饪课等。

## 太平地毯推出 Bloom 系列地毯

太平地毯与世界顶级植物花艺设计师 Jeff Leatham 合作，联袂推出 Bloom 系列地毯，该系列共有 14 款纯手工织造的羊毛和丝绸地毯新品。本次合作是 Leatham 首次涉猎手工纺织行业，对色彩、构图和协调画面的感知力以及对多种有机形态（固态、液态及气态）娴熟处理能力的积累，为他的设计概念奠定了基础。其最终设计成果中融合了倒影与自然光元素，涌动的倒影与大自然的多种有色光谱交相辉映、相得益彰。

回归真实设计
Reture
To The True
Design

CIID2016
Reture To The True Design

六座城市，六次方个热点，2016，再次与你连线。

佛山、湛江、郑州、镇江、海口、温州，等你回归！

# CIID2016 设计师峰会

CIID 设计师峰会

CIID
China Institute of Interior Design
中国建筑学会室内设计分会

具体信息请登录
www.ciid.com.cn
联系电话：010-88355338

CHINA WALLPAPER
HOMDECOR

**2016 [SHANGHAI]**
INVESTMENT PROMOTION LETTER
2016'上海站 欢迎参观

**Approval Authority / 批准单位**
中国国际贸易促进委员会

**Sponsors / 主办单位**
中国国际展览中心集团公司

**Organizer / 承办单位**
北京中装华港建筑科技展览有限公司

# Wallpaper

## HOME SOFT DECORATIONS
## DECORATIVE FABRICS

第二十二届中国[上海]墙纸/
墙布/窗帘暨家居软装饰展览会

THE 22rd CHINA [SHANGHAI] WALLPAPERS / WALLFABRICS
AND SOFT DECORATIONS EXPOSITION

## 2016年08月17日-19日
## [上海] 新国际博览中心

EXHIBITION TIME : 17th-19th, August 2016
EXHIBITION VENUE : Shanghai New International Expo Center

| NO. OF BOOTHS 展位数量 | NO. OF EXHIBITORS 参展企业 | SHOW AREA 展览面积 | NO. OF VISITORS(2016) 上届观众 |
|---|---|---|---|
| 8000 余个 | 1500 余家 | 120,000 平方米 | 200,000 人次 |

扫描二维码可获取更多展会详情
关注展会官方微信获取更多资讯

**TEL:+86(0)10-84600901/0903**
**FAX:+86(0)10-84600910**

CONTACT INFORMATION /筹展联络
北京中装华港建筑科技展览有限公司
CHINA B & D EXHIBITION CO.,LTD.
ADDRESS /地址: RM.388,4F,HALL 1,CIEC,
NO.6 EAST BEISANHUAN ROAD,BEIJING
北京市朝阳区北三环东路6号中国国际展览中心一号馆四层388室
E-MAIL / 邮 箱 : ZHANLAN0906@SINA.COM